黄河水利安全生产监督管理
实用手册

黄河水利出版社
·郑州·

内 容 提 要

　　本书是黄河水利委员会安全监督管理局依据国务院、水利部、黄河水利委员会关于安全生产编写的安全监督管理标准、规范和文件，结合水利安全生产相关法律、行政规范、部门规章、规范性文件，经过整理、提炼、补充，编制而成的一本比较系统、全面、实用的黄河水利安全生产监督管理实用手册。

　　本书除供黄河水利系统安全管理人员和广大职工使用外，还可供其他江河海水利安全生产管理人员和水利大专院校师生参考。

图书在版编目（CIP）数据

黄河水利安全生产监督管理实用手册/朱广设主
编. —郑州：黄河水利出版社，2017.3
ISBN 978 - 7 - 5509 - 1729 - 3

Ⅰ．①黄…　Ⅱ．①石…　Ⅲ．①黄河 - 水利工程 -
安全生产 - 监管制度 - 手册　Ⅳ．①TV513 - 62

中国版本图书馆 CIP 数据核字（2017）第 057273 号

组稿编辑：王路平　　电话：0371 - 66022212　　E-mail：hhslwlp@163.com

出 版 社：黄河水利出版社　　　　　　　　　　网址：www.yrcp.com
　　　　　地址：河南省郑州市顺河路黄委会综合楼 14 层　邮政编码：450003
发行单位：黄河水利出版社
　　　　　发行部电话：0371 - 66026940、66020550、66028024、66022620（传真）
　　　　　E-mail：hhslcbs@126.com
承印单位：虎彩印艺股份有限公司
开本：787 mm × 1 092 mm　1/16
印张：21.5
字数：320 千字　　　　　　　　　　　　　　印数：1—1 600
版次：2017 年 3 月第 1 版　　　　　　　　　印次：2017 年 3 月第 1 次印刷

定价：60.00 元

《黄河水利安全生产监督管理实用手册》
编 写 组

主　　编：朱广设

副 主 编：朱太顺　　石玉金

编写人员：姜茂东　　张华民　　王　原　　徐　啸　　付伟震

水利安全生产监督管理专业
从业人员行为准则

一、甘于奉献 恪尽职守

热爱水利事业，忠实履职尽责。爱岗敬业，勤奋工作，以人为本，关爱生命，服务水利可持续发展。

二、安全至上 预防为主

贯彻安全生产方针，树立安全发展理念。宣传安全知识，提高安全意识。认真排查事故隐患，督促整改落实到位。

三、落实责任 规范管理

落实安全生产责任，督促规章制度执行。开展安全生产检查，监督实施技术标准。严格安全生产准入，坚持持证上岗作业。

四、依法监管 敢于负责

认真执行安全生产法律法规，切实履行安全监督管理职责。依法打击非法违法生产经营，从严纠正违规违章行为。严格执法，勇于担当。

五、提高素质 求实创新

更新知识，钻研业务，提升安全监管能力。注重调研，加强协调，创新安全监管方法。掌握安全应急知识，增强应急处置技能。

六、秉公办事 自律清廉

坚持原则，公平公正，加强自我约束，自觉接受监督。不徇私情，不谋私利，不推诿塞责，不侵害监管对象合法权益。

2016 年 12 月

前　言

加强黄河水利安全生产监督管理是深入贯彻落实习近平总书记关于安全生产重要论述和国家安全生产法律法规、防止和减少生产安全事故、保障人民群众生命和财产安全的需要，是推进黄河水利安全生产工作走向制度化、规范化轨道的需要。

国务院、水利部高度重视安全生产监督工作，黄河水利委员会自成立安全监督机构以来，始终坚持以预防事故、保障职工生命财产安全为目标，在责任体系建设、制度体系建设、隐患排查治理和监督检查、工程稽查等方面做了大量工作，而委属各单位也深入开展安全生产自查和监督检查，积极治理事故隐患，有效控制了生产安全事故的发生。但是，黄河水利安全生产监督管理工作仍然存在一些不容忽视的问题。为促进黄河水利安全生产监督管理工作规范化，建立黄河水利安全生产监督管理长效机制，提升安全生产监督管理水平，黄河水利委员会安全监督管理局主持编写了此书。

本书共分六部分：第一部分，水利安全生产相关法律；第二部分，水利安全生产相关行政法规；第三部分，水利安全生产相关部门规章；第四部分，水利安全生产规范性文件；第五部分，黄河水利委员会安全生产规章制度；第六部分，水利安全生产相关法律、行政法规、部门规章、规范性文件及标准清单。本书从黄河水利安全生产监督管理的实际出发，旨在体现实用性和可操作性。本书内容翔实，开篇选用了《水利安全生产监督管理专业从业人员行为准则》，对指导黄河水利安全生产监督管理人员开展安全生产监督管理工作，规范安全生产监督管理人员行为，提高黄河水利安全生产监督管理水平有积极的作用。

由于编者水平有限，文中如有错误、不足之处，请各位专家、读者批评指正！

编　者
2016 年 12 月

目　录

四、水利安全生产规范性文件

五、黄河水利委员会安全生产规章制度

中共中央 国务院
关于推进安全生产领域改革发展的意见

（2016 年 12 月 9 日）

安全生产是关系人民群众生命财产安全的大事，是经济社会协调健康发展的标志，是党和政府对人民利益高度负责的要求。党中央、国务院历来高度重视安全生产工作，党的十八大以来作出一系列重大决策部署，推动全国安全生产工作取得积极进展。同时也要看到，当前我国正处在工业化、城镇化持续推进过程中，生产经营规模不断扩大，传统和新型生产经营方式并存，各类事故隐患和安全风险交织叠加，安全生产基础薄弱、监管体制机制和法律制度不完善、企业主体责任落实不力等问题依然突出，生产安全事故易发多发，尤其是重特大安全事故频发势头尚未得到有效遏制，一些事故发生呈现由高危行业领域向其他行业领域蔓延趋势，直接危及生产安全和公共安全。为进一步加强安全生产工作，现就推进安全生产领域改革发展提出如下意见。

一、总体要求

（一）指导思想。全面贯彻党的十八大和十八届三中、四中、五中、六中全会精神，以邓小平理论、"三个代表"重要思想、科学发展观为指导，深入贯彻习近平总书记系列重要讲话精神和治国理政新理念新思想新战略，进一步增强"四个意识"，紧紧围绕统筹推进"五位一体"总体布局和协调推进"四个全面"战略布局，牢固树立新发展理念，坚持安全发展，坚守发展决不能以牺牲安全为代价这条不可逾越的红线，以防范遏制重特大生产安全事故为重点，坚持安全第一、预防为主、综合治理的方针，加强领导、改革创新、协调联动、齐抓共管，着力强化企业安全生产主体责任，着力堵塞监督管理漏洞，着力解决不遵守法律法规的问题，依靠严密的责任体系、严格的法治措施、有效的体制机制、有力的基础保障和完善的系统治理，切实增强安全防范治理能力，大力提升我国安全生产整体水平，确保人民群众安康幸福、共享改革发展和社会文明进步成果。

（二）基本原则

——坚持安全发展。贯彻以人民为中心的发展思想，始终把人的生命安全放在首位，正确处理安全与发展的关系，大力实施安全发展战略，为经济社会发展提供强有力的安全保障。

——坚持改革创新。不断推进安全生产理论创新、制度创新、体制机制创新、科技创新和文化创新，增强企业内生动力，激发全社会创新活力，破解安全生产难题，推动安全生产与经济社会协调发展。

——坚持依法监管。大力弘扬社会主义法治精神，运用法治思维和法治方式，深化安全生产监管执法体制改革，完善安全生产法律法规和标准体系，严格规范公正文明执法，增强监管执法效能，提高安全生产法治化水平。

——坚持源头防范。严格安全生产市场准入，经济社会发展要以安全为前提，把安全生产贯穿城乡规划布局、设计、建设、管理和企业生产经营活动全过程。构建风险分级管控和隐患排查治理双重预防工作机制，严防风险演变、隐患升级导致生产安全事故发生。

——坚持系统治理。严密层级治理和行业治理、政府治理、社会治理相结合的安全生产治理体系，组织动员各方面力量实施社会共治。综合运用法律、行政、经济、市场等手段，落实人防、技防、物防措施，提升全社会安全生产治理能力。

（三）目标任务。到2020年，安全生产监管体制机制基本成熟，法律制度基本完善，全国生产安全事故总量明显减少，职业病危害防治取得积极进展，重特大生产安全事故频发势头得到有效遏制，安全生产整体水平与全面建成小康社会目标相适应。到2030年，实现安全生产治理体系和治理能力现代化，全民安全文明素质全面提升，安全生产保障能力显著增强，为实现中华民族伟大复兴的中国梦奠定稳固可靠的安全生产基础。

二、健全落实安全生产责任制

（四）明确地方党委和政府领导责任。坚持党政同责、一岗双责、齐抓共管、失职追责，完善安全生产责任体系。地方各级党委和政府要始终把安全生产摆在重要位置，加强组织领导。党政主要负责人是本地区安全生产第一责任人，班子其他成员对分管范围内的安全生产工作负领导责任。地方各级安全生产委员会主任由政府主要负责人担任，成员由同级党委和政府及相关部门负责人组成。

地方各级党委要认真贯彻执行党的安全生产方针，在统揽本地区经济社会发展全局中同步推进安全生产工作，定期研究决定安全生产重大问题。加强安全生产监管机构领导班子、干部队伍建设。严格安全生产履职绩效考核和失职责任追究。强化安全生产宣传教育和舆论引导。发挥人大对安全生产工作的监督促进作用、政协对安全生产工作的民主监督作用。推动组织、宣传、政法、机构编制等单位支持保障安全生产工作。动员社会各界积极参与、支持、监督安全生产工作。

地方各级政府要把安全生产纳入经济社会发展总体规划，制定实施安全生产专项规划，健全安全投入保障制度。及时研究部署安全生产工作，严格落实属地监管责任。充分发挥安全生产委员会作用，实施安全生产责任目标管理。建立安全生产巡查制度，督促各部门和下级政府履职尽责。加强安全生产监管执法能力建设，推进安全科技创新，提升信息化管理水平。严格安全准入标准，指导管控安全风险，督促整治重大隐患，强化源头治理。加强应急管理，完善安全生产应急救援体系。依法依规开展事故调查处理，督促落实问题整改。

（五）明确部门监管责任。按照管行业必须管安全、管业务必须管安全、管生产经营必须管安全和谁主管谁负责的原则，厘清安全生产综合监管与行业监管的关系，明确各有关部门安全生产和职业健康工作职责，并落实到部门工作职责规定中。安全生产监督管理部门负责安全生产法规标准和政策规划制定修订、执法监督、事故调查处理、应急救援管理、统计分析、宣传教育培训等综合性工作，承担职责范围内行业领域安全生产和职业健康监管执法职责。负有安全生产监督管理职责的有关部门依法依规履行相关行业领域安全生产和职业健康监管职责，强化监管执法，严厉查处违法违规行为。其他行业领域主管部门负有安全生产管理责任，要将安全生产工作作为行业领域管理的重要内容，从行业规划、产业政策、法规标准、行政许可等方面加强行业安全生产工作，指导督促企事业单位加强安全管理。党委和政府其他有关部门要在职责范围内为安全生产工作提供支持保障，共同推进安全发展。

（六）严格落实企业主体责任。企业对本单位安全生产和职业健康工作负全面责任，要严格履行安全生产法定责任，建立健全自我约束、持续改进的内生机制。企业实行全员安全生产责任制度，法定代表人和实际控制人同为安全生产第一责任人，主要技术负责人负有安全生产技术决策和指挥权，强化部门安全生产职责，落实一岗双责。完善落实混合所有制企业以及跨地区、多层级和境外中资企业投资主体的安全生产责任。建立企业全过程安全生产和职业健康管理制度，做到安全责任、管理、投入、培训和应急救援"五到位"。国有企业要发挥安全生产工作示范带头作用，自觉接受属地监管。

（七）健全责任考核机制。建立与全面建成小康社会相适应和体现安全发展水平的考核评价体系。完善考核制度，统筹整合、科学设定安全生产考核指标，加大安全生产在社会治安综合治理、精神文明建设等考核中的权重。各级政府要对同级安全生产委员会成员单位和下级政府实施严格的安全生产工作责任考核，实行过程考核与结果考核相结合。各地区各单位要建立安全生产绩效与履职评定、职务晋升、奖励惩处挂钩制度，严格落实安全生产"一票否决"制度。

（八）严格责任追究制度。实行党政领导干部任期安全生产责任制，日常工作依责尽职、发生事故依责追究。依法依规制定各有关部门安全生产权力和责任清单，尽职照单免责、失职照单问责。建立企业生产经营全过程安全责任追溯制度。严肃查处安全生产领域项目审批、行政许可、监管执法中的失职渎职和权钱交易等腐败行为。严格事故直报制度，对瞒报、谎报、漏报、迟报事故的单位和个人依法依规追责。对被追究刑事责任的生产经营者依法实施相应的职业禁入，对事故发生负有重大责任的社会服务机构和人员依法严肃追究法律责任，并依法实施相应的行业禁入。

三、改革安全监管监察体制

（九）完善监督管理体制。加强各级安全生产委员会组织领导，充分发挥其统筹协调作用，切实解决突出矛盾和问题。各级安全生产监督管理部门承担本级安全生产委员会日常工作，负责指导协调、监督检查、巡查考核本级政府有关部门和下级政府安全生产工作，履行综合监管职责。负有安全生产监督管理职责的部门，依照有关法律法规和部门职责，健全安全生产监管体制，严格落实监管职责。相关部门按照各自职责建立完善安全生产工作机制，形成齐抓共管格局。坚持管安全生产必须管职业健康，建立安全生产和职业健康一体化监管执法体制。

（十）改革重点行业领域安全监管监察体制。依托国家煤矿安全监察体制，加强非煤矿山安全生产监管监察，优化安全监察机构布局，将国家煤矿安全监察机构负责的安全生产行政许可事项移交给地方政府承担。着重加强危险化学品安全监管体制改革和力量建设，明确和落实危险化学品建设项目立项、规划、设计、施工及生产、储存、使用、销售、运输、废弃处置等环节的法定安全监管责任，建立有力的协调联动机制，消除监管空白。完善海洋石油安全生产监督管理体制机制，实行政企分开。理顺民航、铁路、电力等行业跨区域监管体制，明确行业监管、区域监管与地方监管职责。

（十一）进一步完善地方监管执法体制。地方各级党委和政府要将安全生产监督管理部门作为政府工作部门和行政执法机构，加强安全生产执法队伍建设，强化行政执法职能。统筹加强安全监管力量，重点充实市、县两级安全生产监管执法人员，强化乡镇（街道）安全生产监管力量建设。完善各类开发区、工业园区、港区、风景区等功能区安全生产监管体制，明确负责安全生产监督管理的机构，以及港区安全生产地方监管和部门监管责任。

（十二）健全应急救援管理体制。按照政事分开原则，推进安全生产应急救援管理体制改革，强化行政管理职能，提高组织协调能力和现场救援时效。健全省、市、县三级安全生产应急救援管理工作机制，建设联动互通的应急救援指挥平台。依托公安消防、大型企业、工业园区等应急救援力量，加强矿山和危险化学品等应急救援基地和队伍建设，实行区域化应急救援资源共享。

四、大力推进依法治理

（十三）健全法律法规体系。建立健全安全生产法律法规立改废释工作协调机制。加强涉及安全生产相关法规一致性审查，增强安全生产法制建设的系统性、可操作性。制定安全生产中长期立法规划，加快制定修订安全生产法配套法规。加强安全生产和职业健康法律法规衔接融合。研究修改刑法有关条款，将生产经营过程中极易导致重大生产安全事故的违法行为列入刑法调整范围。制定完善高危行业领域安全规程。设区的市根据立法法的立法精神，加强安全生产地方性法规建设，解决区域性安全生产突出问题。

（十四）完善标准体系。加快安全生产标准制定修订和整合，建立以强制性国家标准为主体的安全生产标准体系。鼓励依法成立的社会团体和企业制定更加严格规范的安全生产标准，结合国情积极借鉴实施国际先进标准。国务院安全生产监督管理部门负责生产经营单位职业危害预防治理国家标准制定发布工作；统筹提出安全生产强制性国家标准立项计划，有关部门按照职责分工组织起草、审查、实施和监督执行，国务院标准化行政主管部门负责及时立项、编号、对外通报、批准并发布。

（十五）严格安全准入制度。严格高危行业领域安全准入条件。按照强化监管与便民服务相结合原则，科学设置安全生产行政许可事项和办理程序，优化工作流程，简化办事环节，实施网上公开办理，接受社会监督。对与人民群众生命财产安全直接相关的行政许可事项，依法严格管理。对取消、下放、移交的行政许可事项，要加强事中事后安全监管。

（十六）规范监管执法行为。完善安全生产监管执法制度，明确每个生产经营单位安全生产监督和管理主体，制定实施执法计划，完善执法程序规定，依法严格查处各类违法违规行为。建立行政执法和刑事司法衔接制度，负有安全生产监督管理职责的部门要加强与公安、检察院、法院等协调配合，完善安全生产违法线索通报、案件移送与协查机制。对违法行为当事人拒不执行安全生产行政执法决定的，负有安全生产监督管理职责的部门应依法申请司法机关强制执行。完善司法机关参与事故调查机制，严肃查处违法犯罪行为。研究建立安全生产民事和行政公益诉讼制度。

（十七）完善执法监督机制。各级人大常委会要定期检查安全生产法律法规实施情况，开展专题询问。各级政协要围绕安全生产突出问题开展民主监督和协商调研。建立执法行为审议制度和重大行政执法决策机制，评估执法效果，防止滥用职权。健全领导干部非法干预安全生产监管执法的记录、通报和责任追究制度。完善安全生产执法纠错和执法信息公开制度，加强社会监督和舆论监督，保证执法严明、有错必纠。

（十八）健全监管执法保障体系。制定安全生产监管监察能力建设规划，明确监管执法装备及现场执法和应急救援用车配备标准，加强监管执法技术支撑体系建设，保障监管执法需要。建立完善负有安全生产监督管理职责的部门监管执法经费保障机制，将监管执法经费纳入同级财政全额保障范围。加强监管执法制度化、标准化、信息化建设，确保规范高效监管执法。建立安全生产监管执法人员依法履行法定职责制度，激励保证监管执法人员忠于职守、履职尽责。严格监管执法人员资格管理，制定安全生产监管执法人员录用标准，提高专业监管执法人员比例。建立健全安全生产监管执法人员凡进必考、入职培训、持证上岗和定期轮训制度。统一安全生产执法标志标识和制式服装。

（十九）完善事故调查处理机制。坚持问责与整改并重，充分发挥事故查处对加强和改进安全生产工作的促进作用。完善生产安全事故调查组组长负责制。健全典型事故提级调查、跨地区协同调查和工作督导机制。建立事故调查分析技术支撑体系，所有事故调查报告要设立技术和管理问题专篇，详细分析原因并全文发布，做好解读，回应公众关切。对事故调查发现有漏洞、缺陷的有关法律法规和标准制度，及时启动制定修订工作。建立事故暴露问题整改督办制度，事故结案后一年内，负责事故调查的地方政府和国务院有关部门要组织开展评估，及时向社会公开，对履职不力、整改措施不落实的，依法依规严肃追究有关单位和人员责任。

五、建立安全预防控制体系

（二十）加强安全风险管控。地方各级政府要建立完善安全风险评估与论证机制，科学合理确定企业选址和基础设施建设、居民生活区空间布局。高危项目审批必须把安全生产作为前置条件，城乡规划布局、设计、建设、管理等各项工作必须以安全为前提，实行重大安全风险"一票否决"。加强新材料、新工艺、新业态安全风险评估和管控。紧密结合供给侧结构性改革，推动高危产业转型升级。位置相邻、行业相近、业态相似的地区和行业要建立完善重大安全风险联防联控机制。构建国家、省、市、县四级重大危险源信息管理体系，对重点行业、重点区域、重点企业实行风险预警控制，有效防范重特大生产安全事故。

（二十一）强化企业预防措施。企业要定期开展风险评估和危害辨识。针对高危工艺、设备、物品、场所和岗位，建立分级管控制度，制定落实安全操作规程。树立隐患就是事故的观念，建立健全隐患排查治理制度、重大隐患治理情况向负有安全生产监督管理职责的部门和企业职代会"双报告"制度，实行自查自改自报闭环管理。严格执行安全生产和职业健康"三同时"制度。大力推进企业安全生产标准化建设，实现安全管理、操作行为、设备设施和作业环境的标准化。开展经常性的应急演练和人员避险自救培训，着力提升现场应急处置能力。

（二十二）建立隐患治理监督机制。制定生产安全事故隐患分级和排查治理标准。负有安全生产监督管理职责的部门要建立与企业隐患排查治理系统联网的信息平台，完善线上线下配套监管制度。强化隐患排查治理监督执法，对重大隐患整改不到位的企业依法采取停产停业、停止施工、停止供电和查封扣押等强制措施，按规定给予上限经济处罚，对构成犯罪的要移交司法机关依法追究刑事责任。严格重大隐患挂牌督办制度，对整改和督办不力的纳入政府核查问责范围，实行约谈告诫、公开曝光，情节严重的依法依规追究相关人员责任。

（二十三）强化城市运行安全保障。定期排查区域内安全风险点、危险源，落实管控措施，构建系统性、现代化的城市安全保障体系，推进安全发展示范城市建设。提高基础设施安全配置标准，重点加强对城市高层建筑、大型综合体、隧道桥梁、管线管廊、轨道交通、燃气、电力设施及电梯、游乐设施等的检测维护。完善大型群众性活动安全管理制度，加强人员密集场所安全监管。加强公安、民政、国土资源、住房城乡建设、交通运输、水利、农业、安全监管、气象、地震等相关部门的协调联动，严防自然灾害引发事故。

（二十四）加强重点领域工程治理。深入推进对煤矿瓦斯、水害等重大灾害以及矿山采空区、尾矿库的工程治理。加快实施人口密集区域的危险化学品和化工企业生产、仓储场所安全搬迁工程。深化油气开采、输送、炼化、码头接卸等领域安全整治。实施高速公路、乡村公路和急弯陡坡、临水临崖危险路段公路安全生命防护工程建设。加强高速铁路、跨海大桥、海底隧道、铁路浮桥、航运枢纽、港口等防灾监测、安全检测及防护系统建设。完善长途客运车辆、旅游客车、危险物品运输车辆和船舶生产制造标准，提高安全性能，强制安装智能视频监控报警、防碰撞和整车整船安全运行监管技术装备，对已运行的要加快安全技术装备改造升级。

（二十五）建立完善职业病防治体系。将职业病防治纳入各级政府民生工程及安全生产工作考核体系，制定职业病防治中长期规划，实施职业健康促进计划。加快职业病危害严重企业技术改造、转型升级和淘汰退出，加强高危粉尘、高毒物品等职业病危害源头治理。健全职业健康监管支撑保障体系，加强职业健康技术服务机构、职业病诊断鉴定机构和职业健康体检机构建设，强化职业病危害基础研究、预防控制、诊断鉴定、综合治疗能力。完善相关规定，扩大职业病患者救治范围，将职业病失能人员纳入社会保障范围，对符合条件的职业病患者落实医疗与生活救助措施。加强企业职业健康监管执法，督促落实职业病危害告知、日常监测、定期报告、防护保障和职业健康体检等制度措施，落实职业病防治主体责任。

六、加强安全基础保障能力建设

（二十六）完善安全投入长效机制。加强中央和地方财政安全生产预防及应急相关资金使用管理，加大安全生产与职业健康投入，强化审计监督。加强安全生产经济政策研究，完善安全生产专用设备企业所得税优惠目录。落实企业安全生产费用提取管理使用制度，建立企业增加安全投入的激励约束机制。健全投融资服务体系，引导企业集聚发展灾害防治、预测预警、检测监控、个体防护、应急处置、安全文化等技术、装备和服务产业。

（二十七）建立安全科技支撑体系。优化整合国家科技计划，统筹支持安全生产和职业健康领域科研项目，加强研发基地和博士后科研工作站建设。开展事故预防理论研究和关键技术装备研发，加快成果转化和推广应用。推动工业机器人、智能装备在危险工序和环节广泛应用。提升现代信息技术与安全生产融合度，统一标准规范，加快安全生产信息化建设，构建安全生产与职业健康信息化全国"一张网"。加强安全生产理论和政策研究，运用大数据技术开展安全生产规律性、关联性特征分析，提高安全生产决策科学化水平。

（二十八）健全社会化服务体系。将安全生产专业技术服务纳入现代服务业发展规划，培育多元化服务主体。建立政府购买安全生产服务制度。支持发展安全生产专业化行业组织，强化自治自律。完善注册安全工程师制度。改革完善安全生产和职业健康技术服务机构资质管理办法。支持相关机构开展安全生产和职业健康一体化评价等技术服务，严格实施评价公开制度，进一步激活和规范专业技术服务市场。鼓励中小微企业订单式、协作式购买运用安全生产管理和技术服务。建立安全生产和职业健康技术服务机构公示制度和由第三方实施的信用评定制度，严肃查处租借资质、违法挂靠、弄虚作假、垄断收费等各类违法违规行为。

（二十九）发挥市场机制推动作用。取消安全生产风险抵押金制度，建立健全安全生产责任保险制度，在矿山、危险化学品、烟花爆竹、交通运输、建筑施工、民用爆炸物品、金属冶炼、渔业生产等高危行业领域强制实施，切实发挥保险机构参与风险评估管控和事故预防功能。完善工伤保险制度，加快制定工伤预防费用的提取比例、使用和管理具体办法。积极推进安全生产诚信体系建设，完善企业安全生产不良记录"黑名单"制度，建立失信惩戒和守信激励机制。

（三十）健全安全宣传教育体系。将安全生产监督管理纳入各级党政领导干部培训内容。把安全知识普及纳入国民教育，建立完善中小学安全教育和高危行业职业安全教育体系。把安全生产纳入农民工技能培训内容。严格落实企业安全教育培训制度，切实做到先培训、后上岗。推进安全文化建设，加强警示教育，强化全民安全意识和法治意识。发挥工会、共青团、妇联等群团组织作用，依法维护职工群众的知情权、参与权与监督权。加强安全生产公益宣传和舆论监督。建立安全生产"12350"专线与社会公共管理平台统一接报、分类处置的举报投诉机制。鼓励开展安全生产志愿服务和慈善事业。加强安全生产国际交流合作，学习借鉴国外安全生产与职业健康先进经验。

各地区各部门要加强组织领导，严格实行领导干部安全生产工作责任制，根据本意见提出的任务和要求，结合实际认真研究制定实施办法，抓紧出台推进安全生产领域改革发展的具体政策措施，明确责任分工和时间进度要求，确保各项改革举措和工作要求落实到位。贯彻落实情况要及时向党中央、国务院报告，同时抄送国务院安全生产委员会办公室。中央全面深化改革领导小组办公室将适时牵头组织开展专项监督检查。

一、水利安全生产相关法律

中华人民共和国安全生产法

（2002 年 6 月 29 日第九届全国人民代表大会常务委员会第二十八次会议通过　根据 2009 年 8 月 27 日第十一届全国人民代表大会常务委员会第十次会议《关于修改部分法律的决定》第一次修正　根据 2014 年 8 月 31 日第十二届全国人民代表大会常务委员会第十次会议《关于修改〈中华人民共和国安全生产法〉的决定》第二次修正）

第一章　总　则

第一条　为了加强安全生产工作，防止和减少生产安全事故，保障人民群众生命和财产安全，促进经济社会持续健康发展，制定本法。

第二条　在中华人民共和国领域内从事生产经营活动的单位（以下统称生产经营单位）的安全生产，适用本法；有关法律、行政法规对消防安全和道路交通安全、铁路交通安全、水上交通安全、民用航空安全以及核与辐射安全、特种设备安全另有规定的，适用其规定。

第三条　安全生产工作应当以人为本，坚持安全发展，坚持安全第一、预防为主、综合治理的方针，强化和落实生产经营单位的主体责任，建立生产经营单位负责、职工参与、政府监管、行业自律和社会监督的机制。

第四条　生产经营单位必须遵守本法和其他有关安全生产的法律、法规，加强安全生产管理，建立、健全安全生产责任制和安全生产规章制度，改善安全生产条件，推进安全生产标准化建设，提高安全生产水平，确保安全生产。

第五条　生产经营单位的主要负责人对本单位的安全生产工作全面负责。

第六条　生产经营单位的从业人员有依法获得安全生产保障的权利，并应当依法履行安全生产方面的义务。

第七条　工会依法对安全生产工作进行监督。生产经营单位的工会依法组织职工参加本单位安全生产工作的民主管理和民主监督，维护职工在安全生产方面的合法权益。生产经营单位制定或者修改有关安全生产的规章制度，应当听取工会的意见。

第八条　国务院和县级以上地方各级人民政府应当根据国民经济和社会发展规划制定安全生产规划，并组织实施。安全生产规划应当与城乡规划相衔接。

国务院和县级以上地方各级人民政府应当加强对安全生产工作的领导，支持、督促各有关部门依法履行安全生产监督管理职责，建立健全安全生产工作协调机制，及时协调、解决安全生产监督管理中存在的重大问题。

乡、镇人民政府以及街道办事处、开发区管理机构等地方人民政府的派出机关应当按照职责，加强对本行政区域内生产经营单位安全生产状况的监督检查，协助上级人民政府有关部门依法履行安全生产监督管理职责。

第九条　国务院安全生产监督管理部门依照本法，对全国安全生产工作实施综合监督管理；县级以上地方各级人民政府安全生产监督管理部门依照本法，对本行政区域内安全生产工作实施综合监督管理。

国务院有关部门依照本法和其他有关法律、行政法规的规定，在各自的职责范围内对有关行业、领域的安全生产工作实施监督管理；县级以上地方各级人民政府有关部门依照本法和其他有关法律、法规的规定，在各自的职责范围内对有关行业、领域的安全生产工作实施监督管理。

安全生产监督管理部门和对有关行业、领域的安全生产工作实施监督管理的部门，统称负有安全生产监督管理职责的部门。

第十条　国务院有关部门应当按照保障安全生产的要求，依法及时制定有关的国家标准或者行业标准，并根据科技进步和经济发展适时修订。

生产经营单位必须执行依法制定的保障安全生产的国家标准或者行业标准。

第十一条　各级人民政府及其有关部门应当采取多种形式，加强对有关安全生产的法律、法规和安全生产知识的宣传，增强全社会的安全生产意识。

第十二条　有关协会组织依照法律、行政法规和章程，为生产经营单位提供安全生产方面的信息、培训等服务，发挥自律作用，促进生产经营单位加强安全生产管理。

第十三条　依法设立的为安全生产提供技术、管理服务的机构，依照法律、行政法规和执业准则，接受生产经营单位的委托为其安全生产工作提供技术、管理服务。

生产经营单位委托前款规定的机构提供安全生产技术、管理服务的，保证安全生产的责任仍由本单位负责。

第十四条　国家实行生产安全事故责任追究制度，依照本法和有关法律、法规的规定，追究生产安全事故责任人员的法律责任。

第十五条　国家鼓励和支持安全生产科学技术研究和安全生产先进技术的推广应用，提高安全生产水平。

第十六条　国家对在改善安全生产条件、防止生产安全事故、参加抢险救护等方面取得显著成绩的单位和个人，给予奖励。

第二章　生产经营单位的安全生产保障

第十七条　生产经营单位应当具备本法和有关法律、行政法规和国家标准或者行业标准规定的安全生产条件；不具备安全生产条件的，不得从事生产经营活动。

第十八条　生产经营单位的主要负责人对本单位安全生产工作负有下列职责：

（一）建立、健全本单位安全生产责任制；

（二）组织制定本单位安全生产规章制度和操作规程；

（三）组织制定并实施本单位安全生产教育和培训计划；

（四）保证本单位安全生产投入的有效实施；

（五）督促、检查本单位的安全生产工作，及时消除生产安全事故隐患；

（六）组织制定并实施本单位的生产安全事故应急救援预案；

（七）及时、如实报告生产安全事故。

第十九条　生产经营单位的安全生产责任制应当明确各岗位的责任人

员、责任范围和考核标准等内容。

生产经营单位应当建立相应的机制，加强对安全生产责任制落实情况的监督考核，保证安全生产责任制的落实。

第二十条 生产经营单位应当具备的安全生产条件所必需的资金投入，由生产经营单位的决策机构、主要负责人或者个人经营的投资人予以保证，并对由于安全生产所必需的资金投入不足导致的后果承担责任。

有关生产经营单位应当按照规定提取和使用安全生产费用，专门用于改善安全生产条件。安全生产费用在成本中据实列支。安全生产费用提取、使用和监督管理的具体办法由国务院财政部门会同国务院安全生产监督管理部门征求国务院有关部门意见后制定。

第二十一条 矿山、金属冶炼、建筑施工、道路运输单位和危险物品的生产、经营、储存单位，应当设置安全生产管理机构或者配备专职安全生产管理人员。

前款规定以外的其他生产经营单位，从业人员超过一百人的，应当设置安全生产管理机构或者配备专职安全生产管理人员；从业人员在一百人以下的，应当配备专职或者兼职的安全生产管理人员。

第二十二条 生产经营单位的安全生产管理机构以及安全生产管理人员履行下列职责：

（一）组织或者参与拟订本单位安全生产规章制度、操作规程和生产安全事故应急救援预案；

（二）组织或者参与本单位安全生产教育和培训，如实记录安全生产教育和培训情况；

（三）督促落实本单位重大危险源的安全管理措施；

（四）组织或者参与本单位应急救援演练；

（五）检查本单位的安全生产状况，及时排查生产安全事故隐患，提出改进安全生产管理的建议；

（六）制止和纠正违章指挥、强令冒险作业、违反操作规程的行为；

（七）督促落实本单位安全生产整改措施。

第二十三条 生产经营单位的安全生产管理机构以及安全生产管理人员

应当恪尽职守，依法履行职责。

生产经营单位作出涉及安全生产的经营决策，应当听取安全生产管理机构以及安全生产管理人员的意见。

生产经营单位不得因安全生产管理人员依法履行职责而降低其工资、福利等待遇或者解除与其订立的劳动合同。

危险物品的生产、储存单位以及矿山、金属冶炼单位的安全生产管理人员的任免，应当告知主管的负有安全生产监督管理职责的部门。

第二十四条 生产经营单位的主要负责人和安全生产管理人员必须具备与本单位所从事的生产经营活动相应的安全生产知识和管理能力。

危险物品的生产、经营、储存单位以及矿山、金属冶炼、建筑施工、道路运输单位的主要负责人和安全生产管理人员，应当由主管的负有安全生产监督管理职责的部门对其安全生产知识和管理能力考核合格。考核不得收费。

危险物品的生产、储存单位以及矿山、金属冶炼单位应当有注册安全工程师从事安全生产管理工作。鼓励其他生产经营单位聘用注册安全工程师从事安全生产管理工作。注册安全工程师按专业分类管理，具体办法由国务院人力资源和社会保障部门、国务院安全生产监督管理部门会同国务院有关部门制定。

第二十五条 生产经营单位应当对从业人员进行安全生产教育和培训，保证从业人员具备必要的安全生产知识，熟悉有关的安全生产规章制度和安全操作规程，掌握本岗位的安全操作技能，了解事故应急处理措施，知悉自身在安全生产方面的权利和义务。未经安全生产教育和培训合格的从业人员，不得上岗作业。

生产经营单位使用被派遣劳动者的，应当将被派遣劳动者纳入本单位从业人员统一管理，对被派遣劳动者进行岗位安全操作规程和安全操作技能的教育和培训。劳务派遣单位应当对被派遣劳动者进行必要的安全生产教育和培训。

生产经营单位接收中等职业学校、高等学校学生实习的，应当对实习学生进行相应的安全生产教育和培训，提供必要的劳动防护用品。学校应当协助生产经营单位对实习学生进行安全生产教育和培训。

生产经营单位应当建立安全生产教育和培训档案，如实记录安全生产教育和培训的时间、内容、参加人员以及考核结果等情况。

第二十六条　生产经营单位采用新工艺、新技术、新材料或者使用新设备，必须了解、掌握其安全技术特性，采取有效的安全防护措施，并对从业人员进行专门的安全生产教育和培训。

第二十七条　生产经营单位的特种作业人员必须按照国家有关规定经专门的安全作业培训，取得相应资格，方可上岗作业。

特种作业人员的范围由国务院安全生产监督管理部门会同国务院有关部门确定。

第二十八条　生产经营单位新建、改建、扩建工程项目（以下统称建设项目）的安全设施，必须与主体工程同时设计、同时施工、同时投入生产和使用。安全设施投资应当纳入建设项目概算。

第二十九条　矿山、金属冶炼建设项目和用于生产、储存、装卸危险物品的建设项目，应当按照国家有关规定进行安全评价。

第三十条　建设项目安全设施的设计人、设计单位应当对安全设施设计负责。

矿山、金属冶炼建设项目和用于生产、储存、装卸危险物品的建设项目的安全设施设计应当按照国家有关规定报经有关部门审查，审查部门及其负责审查的人员对审查结果负责。

第三十一条　矿山、金属冶炼建设项目和用于生产、储存、装卸危险物品的建设项目的施工单位必须按照批准的安全设施设计施工，并对安全设施的工程质量负责。

矿山、金属冶炼建设项目和用于生产、储存危险物品的建设项目竣工投入生产或者使用前，应当由建设单位负责组织对安全设施进行验收；验收合格后，方可投入生产和使用。安全生产监督管理部门应当加强对建设单位验收活动和验收结果的监督核查。

第三十二条　生产经营单位应当在有较大危险因素的生产经营场所和有关设施、设备上，设置明显的安全警示标志。

第三十三条　安全设备的设计、制造、安装、使用、检测、维修、改造和报废，应当符合国家标准或者行业标准。

生产经营单位必须对安全设备进行经常性维护、保养，并定期检测，保证正常运转。维护、保养、检测应当作好记录，并由有关人员签字。

第三十四条　生产经营单位使用的危险物品的容器、运输工具，以及涉及人身安全、危险性较大的海洋石油开采特种设备和矿山井下特种设备，必须按照国家有关规定，由专业生产单位生产，并经具有专业资质的检测、检验机构检测、检验合格，取得安全使用证或者安全标志，方可投入使用。检测、检验机构对检测、检验结果负责。

第三十五条　国家对严重危及生产安全的工艺、设备实行淘汰制度，具体目录由国务院安全生产监督管理部门会同国务院有关部门制定并公布。法律、行政法规对目录的制定另有规定的，适用其规定。

省、自治区、直辖市人民政府可以根据本地区实际情况制定并公布具体目录，对前款规定以外的危及生产安全的工艺、设备予以淘汰。

生产经营单位不得使用应当淘汰的危及生产安全的工艺、设备。

第三十六条　生产、经营、运输、储存、使用危险物品或者处置废弃危险物品的，由有关主管部门依照有关法律、法规的规定和国家标准或者行业标准审批并实施监督管理。

生产经营单位生产、经营、运输、储存、使用危险物品或者处置废弃危险物品，必须执行有关法律、法规和国家标准或者行业标准，建立专门的安全管理制度，采取可靠的安全措施，接受有关主管部门依法实施的监督管理。

第三十七条　生产经营单位对重大危险源应当登记建档，进行定期检测、评估、监控，并制定应急预案，告知从业人员和相关人员在紧急情况下应当采取的应急措施。

生产经营单位应当按照国家有关规定将本单位重大危险源及有关安全措施、应急措施报有关地方人民政府安全生产监督管理部门和有关部门备案。

第三十八条　生产经营单位应当建立健全生产安全事故隐患排查治理制度，采取技术、管理措施，及时发现并消除事故隐患。事故隐患排查治理情况应当如实记录，并向从业人员通报。

县级以上地方各级人民政府负有安全生产监督管理职责的部门应当建立健全重大事故隐患治理督办制度，督促生产经营单位消除重大事故隐患。

第三十九条 生产、经营、储存、使用危险物品的车间、商店、仓库不得与员工宿舍在同一座建筑物内，并应当与员工宿舍保持安全距离。

生产经营场所和员工宿舍应当设有符合紧急疏散要求、标志明显、保持畅通的出口。禁止锁闭、封堵生产经营场所或者员工宿舍的出口。

第四十条 生产经营单位进行爆破、吊装以及国务院安全生产监督管理部门会同国务院有关部门规定的其他危险作业，应当安排专门人员进行现场安全管理，确保操作规程的遵守和安全措施的落实。

第四十一条 生产经营单位应当教育和督促从业人员严格执行本单位的安全生产规章制度和安全操作规程；并向从业人员如实告知作业场所和工作岗位存在的危险因素、防范措施以及事故应急措施。

第四十二条 生产经营单位必须为从业人员提供符合国家标准或者行业标准的劳动防护用品，并监督、教育从业人员按照使用规则佩戴、使用。

第四十三条 生产经营单位的安全生产管理人员应当根据本单位的生产经营特点，对安全生产状况进行经常性检查；对检查中发现的安全问题，应当立即处理；不能处理的，应当及时报告本单位有关负责人，有关负责人应当及时处理。检查及处理情况应当如实记录在案。

生产经营单位的安全生产管理人员在检查中发现重大事故隐患，依照前款规定向本单位有关负责人报告，有关负责人不及时处理的，安全生产管理人员可以向主管的负有安全生产监督管理职责的部门报告，接到报告的部门应当依法及时处理。

第四十四条 生产经营单位应当安排用于配备劳动防护用品、进行安全生产培训的经费。

第四十五条 两个以上生产经营单位在同一作业区域内进行生产经营活动，可能危及对方生产安全的，应当签订安全生产管理协议，明确各自的安全生产管理职责和应当采取的安全措施，并指定专职安全生产管理人员进行安全检查与协调。

第四十六条　生产经营单位不得将生产经营项目、场所、设备发包或者出租给不具备安全生产条件或者相应资质的单位或者个人。

生产经营项目、场所发包或者出租给其他单位的，生产经营单位应当与承包单位、承租单位签订专门的安全生产管理协议，或者在承包合同、租赁合同中约定各自的安全生产管理职责；生产经营单位对承包单位、承租单位的安全生产工作统一协调、管理，定期进行安全检查，发现安全问题的，应当及时督促整改。

第四十七条　生产经营单位发生生产安全事故时，单位的主要负责人应当立即组织抢救，并不得在事故调查处理期间擅离职守。

第四十八条　生产经营单位必须依法参加工伤保险，为从业人员缴纳保险费。

国家鼓励生产经营单位投保安全生产责任保险。

第三章　从业人员的安全生产权利义务

第四十九条　生产经营单位与从业人员订立的劳动合同，应当载明有关保障从业人员劳动安全、防止职业危害的事项，以及依法为从业人员办理工伤保险的事项。

生产经营单位不得以任何形式与从业人员订立协议，免除或者减轻其对从业人员因生产安全事故伤亡依法应承担的责任。

第五十条　生产经营单位的从业人员有权了解其作业场所和工作岗位存在的危险因素、防范措施及事故应急措施，有权对本单位的安全生产工作提出建议。

第五十一条　从业人员有权对本单位安全生产工作中存在的问题提出批评、检举、控告；有权拒绝违章指挥和强令冒险作业。

生产经营单位不得因从业人员对本单位安全生产工作提出批评、检举、控告或者拒绝违章指挥、强令冒险作业而降低其工资、福利等待遇或者解除与其订立的劳动合同。

第五十二条　从业人员发现直接危及人身安全的紧急情况时，有权停止作业或者在采取可能的应急措施后撤离作业场所。

生产经营单位不得因从业人员在前款紧急情况下停止作业或者采取紧急撤离措施而降低其工资、福利等待遇或者解除与其订立的劳动合同。

第五十三条　因生产安全事故受到损害的从业人员，除依法享有工伤保险外，依照有关民事法律尚有获得赔偿的权利的，有权向本单位提出赔偿要求。

第五十四条　从业人员在作业过程中，应当严格遵守本单位的安全生产规章制度和操作规程，服从管理，正确佩戴和使用劳动防护用品。

第五十五条　从业人员应当接受安全生产教育和培训，掌握本职工作所需的安全生产知识，提高安全生产技能，增强事故预防和应急处理能力。

第五十六条　从业人员发现事故隐患或者其他不安全因素，应当立即向现场安全生产管理人员或者本单位负责人报告；接到报告的人员应当及时予以处理。

第五十七条　工会有权对建设项目的安全设施与主体工程同时设计、同时施工、同时投入生产和使用进行监督，提出意见。

工会对生产经营单位违反安全生产法律、法规，侵犯从业人员合法权益的行为，有权要求纠正；发现生产经营单位违章指挥、强令冒险作业或者发现事故隐患时，有权提出解决的建议，生产经营单位应当及时研究答复；发现危及从业人员生命安全的情况时，有权向生产经营单位建议组织从业人员撤离危险场所，生产经营单位必须立即作出处理。

工会有权依法参加事故调查，向有关部门提出处理意见，并要求追究有关人员的责任。

第五十八条　生产经营单位使用被派遣劳动者的，被派遣劳动者享有本法规定的从业人员的权利，并应当履行本法规定的从业人员的义务。

第四章　安全生产的监督管理

第五十九条　县级以上地方各级人民政府应当根据本行政区域内的安全生产状况，组织有关部门按照职责分工，对本行政区域内容易发生重大生产安全事故的生产经营单位进行严格检查。

安全生产监督管理部门应当按照分类分级监督管理的要求，制定安全生产年度监督检查计划，并按照年度监督检查计划进行监督检查，发现事故隐患，应当及时处理。

第六十条　负有安全生产监督管理职责的部门依照有关法律、法规的规定，对涉及安全生产的事项需要审查批准（包括批准、核准、许可、注册、认证、颁发证照等，下同）或者验收的，必须严格依照有关法律、法规和国家标准或者行业标准规定的安全生产条件和程序进行审查；不符合有关法律、法规和国家标准或者行业标准规定的安全生产条件的，不得批准或者验收通过。对未依法取得批准或者验收合格的单位擅自从事有关活动的，负责行政审批的部门发现或者接到举报后应当立即予以取缔，并依法予以处理。对已经依法取得批准的单位，负责行政审批的部门发现其不再具备安全生产条件的，应当撤销原批准。

第六十一条　负有安全生产监督管理职责的部门对涉及安全生产的事项进行审查、验收，不得收取费用；不得要求接受审查、验收的单位购买其指定品牌或者指定生产、销售单位的安全设备、器材或者其他产品。

第六十二条　安全生产监督管理部门和其他负有安全生产监督管理职责的部门依法开展安全生产行政执法工作，对生产经营单位执行有关安全生产的法律、法规和国家标准或者行业标准的情况进行监督检查，行使以下职权：

（一）进入生产经营单位进行检查，调阅有关资料，向有关单位和人员了解情况；

（二）对检查中发现的安全生产违法行为，当场予以纠正或者要求限期改正；对依法应当给予行政处罚的行为，依照本法和其他有关法律、行政法规的规定作出行政处罚决定；

（三）对检查中发现的事故隐患，应当责令立即排除；重大事故隐患排除前或者排除过程中无法保证安全的，应当责令从危险区域内撤出作业人员，责令暂时停产停业或者停止使用相关设施、设备；重大事故隐患排除后，经审查同意，方可恢复生产经营和使用；

（四）对有根据认为不符合保障安全生产的国家标准或者行业标准的设施、设备、器材以及违法生产、储存、使用、经营、运输的危险物品予以查封或者扣押，对违法生产、储存、使用、经营危险物品的作业场所予以查封，并依法作出处理决定。

监督检查不得影响被检查单位的正常生产经营活动。

第六十三条　生产经营单位对负有安全生产监督管理职责的部门的监督检查人员（以下统称安全生产监督检查人员）依法履行监督检查职责，应当予以配合，不得拒绝、阻挠。

第六十四条　安全生产监督检查人员应当忠于职守，坚持原则，秉公执法。

安全生产监督检查人员执行监督检查任务时，必须出示有效的监督执法证件；对涉及被检查单位的技术秘密和业务秘密，应当为其保密。

第六十五条　安全生产监督检查人员应当将检查的时间、地点、内容、发现的问题及其处理情况，作出书面记录，并由检查人员和被检查单位的负责人签字；被检查单位的负责人拒绝签字的，检查人员应当将情况记录在案，并向负有安全生产监督管理职责的部门报告。

第六十六条　负有安全生产监督管理职责的部门在监督检查中，应当互相配合，实行联合检查；确需分别进行检查的，应当互通情况，发现存在的安全问题应当由其他有关部门进行处理的，应当及时移送其他有关部门并形成记录备查，接受移送的部门应当及时进行处理。

第六十七条　负有安全生产监督管理职责的部门依法对存在重大事故隐患的生产经营单位作出停产停业、停止施工、停止使用相关设施或者设备的决定，生产经营单位应当依法执行，及时消除事故隐患。生产经营单位拒不执行，有发生生产安全事故的现实危险的，在保证安全的前提下，经本部门主要负责人批准，负有安全生产监督管理职责的部门可以采取通知有关单位停止供电、停止供应民用爆炸物品等措施，强制生产经营单位履行决定。通知应当采用书面形式，有关单位应当予以配合。

负有安全生产监督管理职责的部门依照前款规定采取停止供电措施，除有危及生产安全的紧急情形外，应当提前二十四小时通知生产经营单位。生产经营单位依法履行行政决定、采取相应措施消除事故隐患的，负有安全生产监督管理职责的部门应当及时解除前款规定的措施。

第六十八条　监察机关依照行政监察法的规定，对负有安全生产监督管理职责的部门及其工作人员履行安全生产监督管理职责实施监察。

第六十九条　承担安全评价、认证、检测、检验的机构应当具备国家规定的资质条件，并对其作出的安全评价、认证、检测、检验的结果负责。

第七十条　负有安全生产监督管理职责的部门应当建立举报制度，公开举报电话、信箱或者电子邮件地址，受理有关安全生产的举报；受理的举报事项经调查核实后，应当形成书面材料；需要落实整改措施的，报经有关负责人签字并督促落实。

第七十一条　任何单位或者个人对事故隐患或者安全生产违法行为，均有权向负有安全生产监督管理职责的部门报告或者举报。

第七十二条　居民委员会、村民委员会发现其所在区域内的生产经营单位存在事故隐患或者安全生产违法行为时，应当向当地人民政府或者有关部门报告。

第七十三条　县级以上各级人民政府及其有关部门对报告重大事故隐患或者举报安全生产违法行为的有功人员，给予奖励。具体奖励办法由国务院安全生产监督管理部门会同国务院财政部门制定。

第七十四条　新闻、出版、广播、电影、电视等单位有进行安全生产公益宣传教育的义务，有对违反安全生产法律、法规的行为进行舆论监督的权利。

第七十五条　负有安全生产监督管理职责的部门应当建立安全生产违法行为信息库，如实记录生产经营单位的安全生产违法行为信息；对违法行为情节严重的生产经营单位，应当向社会公告，并通报行业主管部门、投资主管部门、国土资源主管部门、证券监督管理机构以及有关金融机构。

第五章　生产安全事故的应急救援与调查处理

第七十六条　国家加强生产安全事故应急能力建设，在重点行业、领域建立应急救援基地和应急救援队伍，鼓励生产经营单位和其他社会力量建立应急救援队伍，配备相应的应急救援装备和物资，提高应急救援的专业化水平。

国务院安全生产监督管理部门建立全国统一的生产安全事故应急救援信息系统，国务院有关部门建立健全相关行业、领域的生产安全事故应急救援信息系统。

第七十七条　县级以上地方各级人民政府应当组织有关部门制定本行政区域内生产安全事故应急救援预案，建立应急救援体系。

第七十八条　生产经营单位应当制定本单位生产安全事故应急救援预案，与所在地县级以上地方人民政府组织制定的生产安全事故应急救援预案相衔接，并定期组织演练。

第七十九条　危险物品的生产、经营、储存单位以及矿山、金属冶炼、城市轨道交通运营、建筑施工单位应当建立应急救援组织；生产经营规模较小的，可以不建立应急救援组织，但应当指定兼职的应急救援人员。

危险物品的生产、经营、储存、运输单位以及矿山、金属冶炼、城市轨道交通运营、建筑施工单位应当配备必要的应急救援器材、设备和物资，并进行经常性维护、保养，保证正常运转。

第八十条　生产经营单位发生生产安全事故后，事故现场有关人员应当立即报告本单位负责人。

单位负责人接到事故报告后，应当迅速采取有效措施，组织抢救，防止事故扩大，减少人员伤亡和财产损失，并按照国家有关规定立即如实报告当地负有安全生产监督管理职责的部门，不得隐瞒不报、谎报或者迟报，不得故意破坏事故现场、毁灭有关证据。

第八十一条　负有安全生产监督管理职责的部门接到事故报告后，应当立即按照国家有关规定上报事故情况。负有安全生产监督管理职责的部门和有关地方人民政府对事故情况不得隐瞒不报、谎报或者迟报。

第八十二条　有关地方人民政府和负有安全生产监督管理职责的部门的负责人接到生产安全事故报告后，应当按照生产安全事故应急救援预案的要求立即赶到事故现场，组织事故抢救。

参与事故抢救的部门和单位应当服从统一指挥，加强协同联动，采取有效的应急救援措施，并根据事故救援的需要采取警戒、疏散等措施，防止事故扩大和次生灾害的发生，减少人员伤亡和财产损失。

事故抢救过程中应当采取必要措施，避免或者减少对环境造成的危害。

任何单位和个人都应当支持、配合事故抢救，并提供一切便利条件。

第八十三条　事故调查处理应当按照科学严谨、依法依规、实事求是、注重实效的原则，及时、准确地查清事故原因，查明事故性质和责任，总结事故教训，提出整改措施，并对事故责任者提出处理意见。事故调查报告应当依法及时向社会公布。事故调查和处理的具体办法由国务院制定。

事故发生单位应当及时全面落实整改措施，负有安全生产监督管理职责的部门应当加强监督检查。

第八十四条　生产经营单位发生生产安全事故，经调查确定为责任事故的，除了应当查明事故单位的责任并依法予以追究外，还应当查明对安全生产的有关事项负有审查批准和监督职责的行政部门的责任，对有失职、渎职行为的，依照本法第八十七条的规定追究法律责任。

第八十五条　任何单位和个人不得阻挠和干涉对事故的依法调查处理。

第八十六条　县级以上地方各级人民政府安全生产监督管理部门应当定期统计分析本行政区域内发生生产安全事故的情况，并定期向社会公布。

第六章　法律责任

第八十七条　负有安全生产监督管理职责的部门的工作人员，有下列行为之一的，给予降级或者撤职的处分；构成犯罪的，依照刑法有关规定追究刑事责任：

（一）对不符合法定安全生产条件的涉及安全生产的事项予以批准或者验收通过的；

（二）发现未依法取得批准、验收的单位擅自从事有关活动或者接到举报后不予取缔或者不依法予以处理的；

（三）对已经依法取得批准的单位不履行监督管理职责，发现其不再具备安全生产条件而不撤销原批准或者发现安全生产违法行为不予查处的；

（四）在监督检查中发现重大事故隐患，不依法及时处理的。

负有安全生产监督管理职责的部门的工作人员有前款规定以外的滥用职权、玩忽职守、徇私舞弊行为的，依法给予处分；构成犯罪的，依照刑法有关规定追究刑事责任。

第八十八条 负有安全生产监督管理职责的部门，要求被审查、验收的单位购买其指定的安全设备、器材或者其他产品的，在对安全生产事项的审查、验收中收取费用的，由其上级机关或者监察机关责令改正，责令退还收取的费用；情节严重的，对直接负责的主管人员和其他直接责任人员依法给予处分。

第八十九条 承担安全评价、认证、检测、检验工作的机构，出具虚假证明的，没收违法所得；违法所得在十万元以上的，并处违法所得二倍以上五倍以下的罚款；没有违法所得或者违法所得不足十万元的，单处或者并处十万元以上二十万元以下的罚款；对其直接负责的主管人员和其他直接责任人员处二万元以上五万元以下的罚款；给他人造成损害的，与生产经营单位承担连带赔偿责任；构成犯罪的，依照刑法有关规定追究刑事责任。

对有前款违法行为的机构，吊销其相应资质。

第九十条 生产经营单位的决策机构、主要负责人或者个人经营的投资人不依照本法规定保证安全生产所必需的资金投入，致使生产经营单位不具备安全生产条件的，责令限期改正，提供必需的资金；逾期未改正的，责令生产经营单位停产停业整顿。

有前款违法行为，导致发生生产安全事故的，对生产经营单位的主要负责人给予撤职处分，对个人经营的投资人处二万元以上二十万元以下的罚款；构成犯罪的，依照刑法有关规定追究刑事责任。

第九十一条 生产经营单位的主要负责人未履行本法规定的安全生产管理职责的，责令限期改正；逾期未改正的，处二万元以上五万元以下的罚款，责令生产经营单位停产停业整顿。

生产经营单位的主要负责人有前款违法行为，导致发生生产安全事故的，给予撤职处分；构成犯罪的，依照刑法有关规定追究刑事责任。

生产经营单位的主要负责人依照前款规定受刑事处罚或者撤职处分的，自刑罚执行完毕或者受处分之日起，五年内不得担任任何生产经营单位的主要负责人；对重大、特别重大生产安全事故负有责任的，终身不得担任本行业生产经营单位的主要负责人。

第九十二条 生产经营单位的主要负责人未履行本法规定的安全生产管理职责，导致发生生产安全事故的，由安全生产监督管理部门依照下列规定处以罚款：

（一）发生一般事故的，处上一年年收入百分之三十的罚款；

（二）发生较大事故的，处上一年年收入百分之四十的罚款；

（三）发生重大事故的，处上一年年收入百分之六十的罚款；

（四）发生特别重大事故的，处上一年年收入百分之八十的罚款。

第九十三条 生产经营单位的安全生产管理人员未履行本法规定的安全生产管理职责的，责令限期改正；导致发生生产安全事故的，暂停或者撤销其与安全生产有关的资格；构成犯罪的，依照刑法有关规定追究刑事责任。

第九十四条 生产经营单位有下列行为之一的，责令限期改正，可以处五万元以下的罚款；逾期未改正的，责令停产停业整顿，并处五万元以上十万元以下的罚款，对其直接负责的主管人员和其他直接责任人员处一万元以上二万元以下的罚款：

（一）未按照规定设置安全生产管理机构或者配备安全生产管理人员的；

（二）危险物品的生产、经营、储存单位以及矿山、金属冶炼、建筑施工、道路运输单位的主要负责人和安全生产管理人员未按照规定经考核合格的；

（三）未按照规定对从业人员、被派遣劳动者、实习学生进行安全生产教育和培训，或者未按照规定如实告知有关的安全生产事项的；

（四）未如实记录安全生产教育和培训情况的；

（五）未将事故隐患排查治理情况如实记录或者未向从业人员通报的；

（六）未按照规定制定生产安全事故应急救援预案或者未定期组织演练的；

（七）特种作业人员未按照规定经专门的安全作业培训并取得相应资格，上岗作业的。

第九十五条 生产经营单位有下列行为之一的，责令停止建设或者停产停业整顿，限期改正；逾期未改正的，处五十万元以上一百万元以下的罚款，对其直接负责的主管人员和其他直接责任人员处二万元以上五万元以下的罚款；构成犯罪的，依照刑法有关规定追究刑事责任：

（一）未按照规定对矿山、金属冶炼建设项目或者用于生产、储存、装卸危险物品的建设项目进行安全评价的；

（二）矿山、金属冶炼建设项目或者用于生产、储存、装卸危险物品的建设项目没有安全设施设计或者安全设施设计未按照规定报经有关部门审查同意的；

（三）矿山、金属冶炼建设项目或者用于生产、储存、装卸危险物品的建设项目的施工单位未按照批准的安全设施设计施工的；

（四）矿山、金属冶炼建设项目或者用于生产、储存危险物品的建设项目竣工投入生产或者使用前，安全设施未经验收合格的。

第九十六条 生产经营单位有下列行为之一的，责令限期改正，可以处五万元以下的罚款；逾期未改正的，处五万元以上二十万元以下的罚款，对其直接负责的主管人员和其他直接责任人员处一万元以上二万元以下的罚款；情节严重的，责令停产停业整顿；构成犯罪的，依照刑法有关规定追究刑事责任：

（一）未在有较大危险因素的生产经营场所和有关设施、设备上设置明显的安全警示标志的；

（二）安全设备的安装、使用、检测、改造和报废不符合国家标准或者行业标准的；

（三）未对安全设备进行经常性维护、保养和定期检测的；

（四）未为从业人员提供符合国家标准或者行业标准的劳动防护用品的；

（五）危险物品的容器、运输工具，以及涉及人身安全、危险性较大的海洋石油开采特种设备和矿山井下特种设备未经具有专业资质的机构检测、检验合格，取得安全使用证或者安全标志，投入使用的；

（六）使用应当淘汰的危及生产安全的工艺、设备的。

第九十七条 未经依法批准，擅自生产、经营、运输、储存、使用危险物品或者处置废弃危险物品的，依照有关危险物品安全管理的法律、行政法规的规定予以处罚；构成犯罪的，依照刑法有关规定追究刑事责任。

第九十八条 生产经营单位有下列行为之一的，责令限期改正，可以处十万元以下的罚款；逾期未改正的，责令停产停业整顿，并处十万元以上二十万元以下的罚款，对其直接负责的主管人员和其他直接责任人员处二万元以上五万元以下的罚款；构成犯罪的，依照刑法有关规定追究刑事责任：

（一）生产、经营、运输、储存、使用危险物品或者处置废弃危险物品，未建立专门安全管理制度、未采取可靠的安全措施的；

（二）对重大危险源未登记建档，或者未进行评估、监控，或者未制定应急预案的；

（三）进行爆破、吊装以及国务院安全生产监督管理部门会同国务院有关部门规定的其他危险作业，未安排专门人员进行现场安全管理的；

（四）未建立事故隐患排查治理制度的。

第九十九条 生产经营单位未采取措施消除事故隐患的，责令立即消除或者限期消除；生产经营单位拒不执行的，责令停产停业整顿，并处十万元以上五十万元以下的罚款，对其直接负责的主管人员和其他直接责任人员处二万元以上五万元以下的罚款。

第一百条 生产经营单位将生产经营项目、场所、设备发包或者出租给不具备安全生产条件或者相应资质的单位或者个人的，责令限期改正，没收违法所得；违法所得十万元以上的，并处违法所得二倍以上五倍以下的罚款；没有违法所得或者违法所得不足十万元的，单处或者并处十万元以上二十万元以下的罚款；对其直接负责的主管人员和其他直接责任人员处一万元以上二万元以下的罚款；导致发生生产安全事故给他人造成损害的，与承包方、承租方承担连带赔偿责任。

生产经营单位未与承包单位、承租单位签订专门的安全生产管理协议或者未在承包合同、租赁合同中明确各自的安全生产管理职责，或者未对承包单位、承租单位的安全生产统一协调、管理的，责令限期改正，可以处五万元以下的罚款，对其直接负责的主管人员和其他直接责任人员可以处一万元以下的罚款；逾期未改正的，责令停产停业整顿。

第一百零一条 两个以上生产经营单位在同一作业区域内进行可能危及

对方安全生产的生产经营活动，未签订安全生产管理协议或者未指定专职安全生产管理人员进行安全检查与协调的，责令限期改正，可以处五万元以下的罚款，对其直接负责的主管人员和其他直接责任人员可以处一万元以下的罚款；逾期未改正的，责令停产停业。

第一百零二条　生产经营单位有下列行为之一的，责令限期改正，可以处五万元以下的罚款，对其直接负责的主管人员和其他直接责任人员可以处一万元以下的罚款；逾期未改正的，责令停产停业整顿；构成犯罪的，依照刑法有关规定追究刑事责任：

（一）生产、经营、储存、使用危险物品的车间、商店、仓库与员工宿舍在同一座建筑内，或者与员工宿舍的距离不符合安全要求的；

（二）生产经营场所和员工宿舍未设有符合紧急疏散需要、标志明显、保持畅通的出口，或者锁闭、封堵生产经营场所或者员工宿舍出口的。

第一百零三条　生产经营单位与从业人员订立协议，免除或者减轻其对从业人员因生产安全事故伤亡依法应承担的责任的，该协议无效；对生产经营单位的主要负责人、个人经营的投资人处二万元以上十万元以下的罚款。

第一百零四条　生产经营单位的从业人员不服从管理，违反安全生产规章制度或者操作规程的，由生产经营单位给予批评教育，依照有关规章制度给予处分；构成犯罪的，依照刑法有关规定追究刑事责任。

第一百零五条　违反本法规定，生产经营单位拒绝、阻碍负有安全生产监督管理职责的部门依法实施监督检查的，责令改正；拒不改正的，处二万元以上二十万元以下的罚款；对其直接负责的主管人员和其他直接责任人员处一万元以上二万元以下的罚款；构成犯罪的，依照刑法有关规定追究刑事责任。

第一百零六条　生产经营单位的主要负责人在本单位发生生产安全事故时，不立即组织抢救或者在事故调查处理期间擅离职守或者逃匿的，给予降级、撤职的处分，并由安全生产监督管理部门处上一年年收入百分之六十至百分之一百的罚款；对逃匿的处十五日以下拘留；构成犯罪的，依照刑法有关规定追究刑事责任。

生产经营单位的主要负责人对生产安全事故隐瞒不报、谎报或者迟报的，依照前款规定处罚。

第一百零七条 有关地方人民政府、负有安全生产监督管理职责的部门，对生产安全事故隐瞒不报、谎报或者迟报的，对直接负责的主管人员和其他直接责任人员依法给予处分；构成犯罪的，依照刑法有关规定追究刑事责任。

第一百零八条 生产经营单位不具备本法和其他有关法律、行政法规和国家标准或者行业标准规定的安全生产条件，经停产停业整顿仍不具备安全生产条件的，予以关闭；有关部门应当依法吊销其有关证照。

第一百零九条 发生生产安全事故，对负有责任的生产经营单位除要求其依法承担相应的赔偿等责任外，由安全生产监督管理部门依照下列规定处以罚款：

（一）发生一般事故的，处二十万元以上五十万元以下的罚款；

（二）发生较大事故的，处五十万元以上一百万元以下的罚款；

（三）发生重大事故的，处一百万元以上五百万元以下的罚款；

（四）发生特别重大事故的，处五百万元以上一千万元以下的罚款；情节特别严重的，处一千万元以上二千万元以下的罚款。

第一百一十条 本法规定的行政处罚，由安全生产监督管理部门和其他负有安全生产监督管理职责的部门按照职责分工决定。予以关闭的行政处罚由负有安全生产监督管理职责的部门报请县级以上人民政府按照国务院规定的权限决定；给予拘留的行政处罚由公安机关依照治安管理处罚法的规定决定。

第一百一十一条 生产经营单位发生生产安全事故造成人员伤亡、他人财产损失的，应当依法承担赔偿责任；拒不承担或者其负责人逃匿的，由人民法院依法强制执行。

生产安全事故的责任人未依法承担赔偿责任，经人民法院依法采取执行措施后，仍不能对受害人给予足额赔偿的，应当继续履行赔偿义务；受害人发现责任人有其他财产的，可以随时请求人民法院执行。

第七章　附　则

第一百一十二条　本法下列用语的含义：

危险物品，是指易燃易爆物品、危险化学品、放射性物品等能够危及人身安全和财产安全的物品。

重大危险源，是指长期地或者临时地生产、搬运、使用或者储存危险物品，且危险物品的数量等于或者超过临界量的单元（包括场所和设施）。

第一百一十三条　本法规定的生产安全一般事故、较大事故、重大事故、特别重大事故的划分标准由国务院规定。

国务院安全生产监督管理部门和其他负有安全生产监督管理职责的部门应当根据各自的职责分工，制定相关行业、领域重大事故隐患的判定标准。

第一百一十四条　本法自 2014 年 12 月 1 日起施行。

中华人民共和国消防法

（1998 年 4 月 29 日第九届全国人民代表大会常务委员会第二次会议通过 2008 年 10 月 28 日第十一届全国人民代表大会常务委员会第五次会议修订）

第一章 总 则

第一条 为了预防火灾和减少火灾危害，加强应急救援工作，保护人身、财产安全，维护公共安全，制定本法。

第二条 消防工作贯彻预防为主、防消结合的方针，按照政府统一领导、部门依法监管、单位全面负责、公民积极参与的原则，实行消防安全责任制，建立健全社会化的消防工作网络。

第三条 国务院领导全国的消防工作。地方各级人民政府负责本行政区域内的消防工作。

各级人民政府应当将消防工作纳入国民经济和社会发展计划，保障消防工作与经济社会发展相适应。

第四条 国务院公安部门对全国的消防工作实施监督管理。县级以上地方人民政府公安机关对本行政区域内的消防工作实施监督管理，并由本级人民政府公安机关消防机构负责实施。军事设施的消防工作，由其主管单位监督管理，公安机关消防机构协助；矿井地下部分、核电厂、海上石油天然气设施的消防工作，由其主管单位监督管理。

县级以上人民政府其他有关部门在各自的职责范围内，依照本法和其他相关法律、法规的规定做好消防工作。

法律、行政法规对森林、草原的消防工作另有规定的，从其规定。

第五条 任何单位和个人都有维护消防安全、保护消防设施、预防火灾、报告火警的义务。任何单位和成年人都有参加有组织的灭火工作的义务。

第六条 各级人民政府应当组织开展经常性的消防宣传教育，提高公民的消防安全意识。

机关、团体、企业、事业等单位，应当加强对本单位人员的消防宣传教育。

公安机关及其消防机构应当加强消防法律、法规的宣传，并督促、指导、协助有关单位做好消防宣传教育工作。

教育、人力资源行政主管部门和学校、有关职业培训机构应当将消防知识纳入教育、教学、培训的内容。

新闻、广播、电视等有关单位，应当有针对性地面向社会进行消防宣传教育。

工会、共产主义青年团、妇女联合会等团体应当结合各自工作对象的特点，组织开展消防宣传教育。

村民委员会、居民委员会应当协助人民政府以及公安机关等部门，加强消防宣传教育。

第七条 国家鼓励、支持消防科学研究和技术创新，推广使用先进的消防和应急救援技术、设备；鼓励、支持社会力量开展消防公益活动。

对在消防工作中有突出贡献的单位和个人，应当按照国家有关规定给予表彰和奖励。

第二章　火灾预防

第八条 地方各级人民政府应当将包括消防安全布局、消防站、消防供水、消防通信、消防车通道、消防装备等内容的消防规划纳入城乡规划，并负责组织实施。

城乡消防安全布局不符合消防安全要求的，应当调整、完善；公共消防设施、消防装备不足或者不适应实际需要的，应当增建、改建、配置或者进行技术改造。

第九条 建设工程的消防设计、施工必须符合国家工程建设消防技术标准。建设、设计、施工、工程监理等单位依法对建设工程的消防设计、施工质量负责。

第十条　按照国家工程建设消防技术标准需要进行消防设计的建设工程，除本法第十一条另有规定的外，建设单位应当自依法取得施工许可之日起七个工作日内，将消防设计文件报公安机关消防机构备案，公安机关消防机构应当进行抽查。

第十一条　国务院公安部门规定的大型的人员密集场所和其他特殊建设工程，建设单位应当将消防设计文件报送公安机关消防机构审核。公安机关消防机构依法对审核的结果负责。

第十二条　依法应当经公安机关消防机构进行消防设计审核的建设工程，未经依法审核或者审核不合格的，负责审批该工程施工许可的部门不得给予施工许可，建设单位、施工单位不得施工；其他建设工程取得施工许可后经依法抽查不合格的，应当停止施工。

第十三条　按照国家工程建设消防技术标准需要进行消防设计的建设工程竣工，依照下列规定进行消防验收、备案：

（一）本法第十一条规定的建设工程，建设单位应当向公安机关消防机构申请消防验收；

（二）其他建设工程，建设单位在验收后应当报公安机关消防机构备案，公安机关消防机构应当进行抽查。

依法应当进行消防验收的建设工程，未经消防验收或者消防验收不合格的，禁止投入使用；其他建设工程经依法抽查不合格的，应当停止使用。

第十四条　建设工程消防设计审核、消防验收、备案和抽查的具体办法，由国务院公安部门规定。

第十五条　公众聚集场所在投入使用、营业前，建设单位或者使用单位应当向场所所在地的县级以上地方人民政府公安机关消防机构申请消防安全检查。

公安机关消防机构应当自受理申请之日起十个工作日内，根据消防技术标准和管理规定，对该场所进行消防安全检查。未经消防安全检查或者经检查不符合消防安全要求的，不得投入使用、营业。

第十六条　机关、团体、企业、事业等单位应当履行下列消防安全职责：

（一）落实消防安全责任制，制定本单位的消防安全制度、消防安全操作规程，制定灭火和应急疏散预案；

（二）按照国家标准、行业标准配置消防设施、器材，设置消防安全标志，并定期组织检验、维修，确保完好有效；

（三）对建筑消防设施每年至少进行一次全面检测，确保完好有效，检测记录应当完整准确，存档备查；

（四）保障疏散通道、安全出口、消防车通道畅通，保证防火防烟分区、防火间距符合消防技术标准；

（五）组织防火检查，及时消除火灾隐患；

（六）组织进行有针对性的消防演练；

（七）法律、法规规定的其他消防安全职责。

单位的主要负责人是本单位的消防安全责任人。

第十七条　县级以上地方人民政府公安机关消防机构应当将发生火灾可能性较大以及发生火灾可能造成重大的人身伤亡或者财产损失的单位，确定为本行政区域内的消防安全重点单位，并由公安机关报本级人民政府备案。

消防安全重点单位除应当履行本法第十六条规定的职责外，还应当履行下列消防安全职责：

（一）确定消防安全管理人，组织实施本单位的消防安全管理工作；

（二）建立消防档案，确定消防安全重点部位，设置防火标志，实行严格管理；

（三）实行每日防火巡查，并建立巡查记录；

（四）对职工进行岗前消防安全培训，定期组织消防安全培训和消防演练。

第十八条　同一建筑物由两个以上单位管理或者使用的，应当明确各方的消防安全责任，并确定责任人对共用的疏散通道、安全出口、建筑消防设施和消防车通道进行统一管理。

住宅区的物业服务企业应当对管理区域内的共用消防设施进行维护管理，提供消防安全防范服务。

第十九条 生产、储存、经营易燃易爆危险品的场所不得与居住场所设置在同一建筑物内，并应当与居住场所保持安全距离。

生产、储存、经营其他物品的场所与居住场所设置在同一建筑物内的，应当符合国家工程建设消防技术标准。

第二十条 举办大型群众性活动，承办人应当依法向公安机关申请安全许可，制定灭火和应急疏散预案并组织演练，明确消防安全责任分工，确定消防安全管理人员，保持消防设施和消防器材配置齐全、完好有效，保证疏散通道、安全出口、疏散指示标志、应急照明和消防车通道符合消防技术标准和管理规定。

第二十一条 禁止在具有火灾、爆炸危险的场所吸烟、使用明火。因施工等特殊情况需要使用明火作业的，应当按照规定事先办理审批手续，采取相应的消防安全措施；作业人员应当遵守消防安全规定。

进行电焊、气焊等具有火灾危险作业的人员和自动消防系统的操作人员，必须持证上岗，并遵守消防安全操作规程。

第二十二条 生产、储存、装卸易燃易爆危险品的工厂、仓库和专用车站、码头的设置，应当符合消防技术标准。易燃易爆气体和液体的充装站、供应站、调压站，应当设置在符合消防安全要求的位置，并符合防火防爆要求。

已经设置的生产、储存、装卸易燃易爆危险品的工厂、仓库和专用车站、码头，易燃易爆气体和液体的充装站、供应站、调压站，不再符合前款规定的，地方人民政府应当组织、协调有关部门、单位限期解决，消除安全隐患。

第二十三条 生产、储存、运输、销售、使用、销毁易燃易爆危险品，必须执行消防技术标准和管理规定。

进入生产、储存易燃易爆危险品的场所，必须执行消防安全规定。禁止非法携带易燃易爆危险品进入公共场所或者乘坐公共交通工具。

储存可燃物资仓库的管理，必须执行消防技术标准和管理规定。

第二十四条　消防产品必须符合国家标准；没有国家标准的，必须符合行业标准。禁止生产、销售或者使用不合格的消防产品以及国家明令淘汰的消防产品。

依法实行强制性产品认证的消防产品，由具有法定资质的认证机构按照国家标准、行业标准的强制性要求认证合格后，方可生产、销售、使用。实行强制性产品认证的消防产品目录，由国务院产品质量监督部门会同国务院公安部门制定并公布。

新研制的尚未制定国家标准、行业标准的消防产品，应当按照国务院产品质量监督部门会同国务院公安部门规定的办法，经技术鉴定符合消防安全要求的，方可生产、销售、使用。

依照本条规定经强制性产品认证合格或者技术鉴定合格的消防产品，国务院公安部门消防机构应当予以公布。

第二十五条　产品质量监督部门、工商行政管理部门、公安机关消防机构应当按照各自职责加强对消防产品质量的监督检查。

第二十六条　建筑构件、建筑材料和室内装修、装饰材料的防火性能必须符合国家标准；没有国家标准的，必须符合行业标准。

人员密集场所室内装修、装饰，应当按照消防技术标准的要求，使用不燃、难燃材料。

第二十七条　电器产品、燃气用具的产品标准，应当符合消防安全的要求。

电器产品、燃气用具的安装、使用及其线路、管路的设计、敷设、维护保养、检测，必须符合消防技术标准和管理规定。

第二十八条　任何单位、个人不得损坏、挪用或者擅自拆除、停用消防设施、器材，不得埋压、圈占、遮挡消火栓或者占用防火间距，不得占用、堵塞、封闭疏散通道、安全出口、消防车通道。人员密集场所的门窗不得设置影响逃生和灭火救援的障碍物。

第二十九条　负责公共消防设施维护管理的单位，应当保持消防供水、消防通信、消防车通道等公共消防设施的完好有效。在修建道路以及停电、停水、截断通信线路时有可能影响消防队灭火救援的，有关单位必须事先通知当地公安机关消防机构。

第三十条　地方各级人民政府应当加强对农村消防工作的领导，采取措施加强公共消防设施建设，组织建立和督促落实消防安全责任制。

第三十一条　在农业收获季节、森林和草原防火期间、重大节假日期间以及火灾多发季节，地方各级人民政府应当组织开展有针对性的消防宣传教育，采取防火措施，进行消防安全检查。

第三十二条　乡镇人民政府、城市街道办事处应当指导、支持和帮助村民委员会、居民委员会开展群众性的消防工作。村民委员会、居民委员会应当确定消防安全管理人，组织制定防火安全公约，进行防火安全检查。

第三十三条　国家鼓励、引导公众聚集场所和生产、储存、运输、销售易燃易爆危险品的企业投保火灾公众责任保险；鼓励保险公司承保火灾公众责任保险。

第三十四条　消防产品质量认证、消防设施检测、消防安全监测等消防技术服务机构和执业人员，应当依法获得相应的资质、资格；依照法律、行政法规、国家标准、行业标准和执业准则，接受委托提供消防安全技术服务，并对服务质量负责。

第三章　消防组织

第三十五条　各级人民政府应当加强消防组织建设，根据经济和社会发展的需要，建立多种形式的消防组织，加强消防技术人才培养，增强火灾预防、扑救和应急救援的能力。

第三十六条　县级以上地方人民政府应当按照国家规定建立公安消防队、专职消防队，并按照国家标准配备消防装备，承担火灾扑救工作。

乡镇人民政府应当根据当地经济发展和消防工作的需要，建立专职消防队、志愿消防队，承担火灾扑救工作。

第三十七条　公安消防队、专职消防队依照国家规定承担重大灾害事故和其他以抢救人员生命为主的应急救援工作。

第三十八条　公安消防队、专职消防队应当充分发挥火灾扑救和应急救援专业力量的骨干作用；按照国家规定，组织实施专业技能训练，配备并维护保养装备器材，提高火灾扑救和应急救援的能力。

第三十九条　下列单位应当建立单位专职消防队，承担本单位的火灾扑救工作：

（一）大型核设施单位、大型发电厂、民用机场、主要港口；

（二）生产、储存易燃易爆危险品的大型企业；

（三）储备可燃的重要物资的大型仓库、基地；

（四）第一项、第二项、第三项规定以外的火灾危险性较大、距离公安消防队较远的其他大型企业；

（五）距离公安消防队较远、被列为全国重点文物保护单位的古建筑群的管理单位。

第四十条　专职消防队的建立，应当符合国家有关规定，并报当地公安机关消防机构验收。

专职消防队的队员依法享受社会保险和福利待遇。

第四十一条　机关、团体、企业、事业等单位以及村民委员会、居民委员会根据需要，建立志愿消防队等多种形式的消防组织，开展群众性自防自救工作。

第四十二条　公安机关消防机构应当对专职消防队、志愿消防队等消防组织进行业务指导；根据扑救火灾的需要，可以调动指挥专职消防队参加火灾扑救工作。

第四章　灭火救援

第四十三条　县级以上地方人民政府应当组织有关部门针对本行政区域内的火灾特点制定应急预案，建立应急反应和处置机制，为火灾扑救和应急救援工作提供人员、装备等保障。

第四十四条 任何人发现火灾都应当立即报警。任何单位、个人都应当无偿为报警提供便利，不得阻拦报警。严禁谎报火警。

人员密集场所发生火灾，该场所的现场工作人员应当立即组织、引导在场人员疏散。

任何单位发生火灾，必须立即组织力量扑救。邻近单位应当给予支援。

消防队接到火警，必须立即赶赴火灾现场，救助遇险人员，排除险情，扑灭火灾。

第四十五条 公安机关消防机构统一组织和指挥火灾现场扑救，应当优先保障遇险人员的生命安全。

火灾现场总指挥根据扑救火灾的需要，有权决定下列事项：

（一）使用各种水源；

（二）截断电力、可燃气体和可燃液体的输送，限制用火用电；

（三）划定警戒区，实行局部交通管制；

（四）利用临近建筑物和有关设施；

（五）为了抢救人员和重要物资，防止火势蔓延，拆除或者破损毗邻火灾现场的建筑物、构筑物或者设施等；

（六）调动供水、供电、供气、通信、医疗救护、交通运输、环境保护等有关单位协助灭火救援。

根据扑救火灾的紧急需要，有关地方人民政府应当组织人员、调集所需物资支援灭火。

第四十六条 公安消防队、专职消防队参加火灾以外的其他重大灾害事故的应急救援工作，由县级以上人民政府统一领导。

第四十七条 消防车、消防艇前往执行火灾扑救或者应急救援任务，在确保安全的前提下，不受行驶速度、行驶路线、行驶方向和指挥信号的限制，其他车辆、船舶以及行人应当让行，不得穿插超越；收费公路、桥梁免收车辆通行费。交通管理指挥人员应当保证消防车、消防艇迅速通行。

赶赴火灾现场或者应急救援现场的消防人员和调集的消防装备、物资，需要铁路、水路或者航空运输的，有关单位应当优先运输。

第四十八条　消防车、消防艇以及消防器材、装备和设施，不得用于与消防和应急救援工作无关的事项。

第四十九条　公安消防队、专职消防队扑救火灾、应急救援，不得收取任何费用。

单位专职消防队、志愿消防队参加扑救外单位火灾所损耗的燃料、灭火剂和器材、装备等，由火灾发生地的人民政府给予补偿。

第五十条　对因参加扑救火灾或者应急救援受伤、致残或者死亡的人员，按照国家有关规定给予医疗、抚恤。

第五十一条　公安机关消防机构有权根据需要封闭火灾现场，负责调查火灾原因，统计火灾损失。

火灾扑灭后，发生火灾的单位和相关人员应当按照公安机关消防机构的要求保护现场，接受事故调查，如实提供与火灾有关的情况。

公安机关消防机构根据火灾现场勘验、调查情况和有关的检验、鉴定意见，及时制作火灾事故认定书，作为处理火灾事故的证据。

第五章　监督检查

第五十二条　地方各级人民政府应当落实消防工作责任制，对本级人民政府有关部门履行消防安全职责的情况进行监督检查。

县级以上地方人民政府有关部门应当根据本系统的特点，有针对性地开展消防安全检查，及时督促整改火灾隐患。

第五十三条　公安机关消防机构应当对机关、团体、企业、事业等单位遵守消防法律、法规的情况依法进行监督检查。公安派出所可以负责日常消防监督检查、开展消防宣传教育，具体办法由国务院公安部门规定。

公安机关消防机构、公安派出所的工作人员进行消防监督检查，应当出示证件。

第五十四条　公安机关消防机构在消防监督检查中发现火灾隐患的，应当通知有关单位或者个人立即采取措施消除隐患；不及时消除隐患可能严重威胁公共安全的，公安机关消防机构应当依照规定对危险部位或者场所采取临时查封措施。

第五十五条 公安机关消防机构在消防监督检查中发现城乡消防安全布局、公共消防设施不符合消防安全要求，或者发现本地区存在影响公共安全的重大火灾隐患的，应当由公安机关书面报告本级人民政府。

接到报告的人民政府应当及时核实情况，组织或者责成有关部门、单位采取措施，予以整改。

第五十六条 公安机关消防机构及其工作人员应当按照法定的职权和程序进行消防设计审核、消防验收和消防安全检查，做到公正、严格、文明、高效。

公安机关消防机构及其工作人员进行消防设计审核、消防验收和消防安全检查等，不得收取费用，不得利用消防设计审核、消防验收和消防安全检查谋取利益。公安机关消防机构及其工作人员不得利用职务为用户、建设单位指定或者变相指定消防产品的品牌、销售单位或者消防技术服务机构、消防设施施工单位。

第五十七条 公安机关消防机构及其工作人员执行职务，应当自觉接受社会和公民的监督。

任何单位和个人都有权对公安机关消防机构及其工作人员在执法中的违法行为进行检举、控告。收到检举、控告的机关，应当按照职责及时查处。

第六章　法律责任

第五十八条 违反本法规定，有下列行为之一的，责令停止施工、停止使用或者停产停业，并处三万元以上三十万元以下罚款：

（一）依法应当经公安机关消防机构进行消防设计审核的建设工程，未经依法审核或者审核不合格，擅自施工的；

（二）消防设计经公安机关消防机构依法抽查不合格，不停止施工的；

（三）依法应当进行消防验收的建设工程，未经消防验收或者消防验收不合格，擅自投入使用的；

（四）建设工程投入使用后经公安机关消防机构依法抽查不合格，不停止使用的；

（五）公众聚集场所未经消防安全检查或者经检查不符合消防安全要求，擅自投入使用、营业的。

建设单位未依照本法规定将消防设计文件报公安机关消防机构备案，或者在竣工后未依照本法规定报公安机关消防机构备案的，责令限期改正，处五千元以下罚款。

第五十九条　违反本法规定，有下列行为之一的，责令改正或者停止施工，并处一万元以上十万元以下罚款：

（一）建设单位要求建筑设计单位或者建筑施工企业降低消防技术标准设计、施工的；

（二）建筑设计单位不按照消防技术标准强制性要求进行消防设计的；

（三）建筑施工企业不按照消防设计文件和消防技术标准施工，降低消防施工质量的；

（四）工程监理单位与建设单位或者建筑施工企业串通，弄虚作假，降低消防施工质量的。

第六十条　单位违反本法规定，有下列行为之一的，责令改正，处五千元以上五万元以下罚款：

（一）消防设施、器材或者消防安全标志的配置、设置不符合国家标准、行业标准，或者未保持完好有效的；

（二）损坏、挪用或者擅自拆除、停用消防设施、器材的；

（三）占用、堵塞、封闭疏散通道、安全出口或者有其他妨碍安全疏散行为的；

（四）埋压、圈占、遮挡消火栓或者占用防火间距的；

（五）占用、堵塞、封闭消防车通道，妨碍消防车通行的；

（六）人员密集场所在门窗上设置影响逃生和灭火救援的障碍物的；

（七）对火灾隐患经公安机关消防机构通知后不及时采取措施消除的。

个人有前款第二项、第三项、第四项、第五项行为之一的，处警告或者五百元以下罚款。

有本条第一款第三项、第四项、第五项、第六项行为，经责令改正拒不改正的，强制执行，所需费用由违法行为人承担。

第六十一条 生产、储存、经营易燃易爆危险品的场所与居住场所设置在同一建筑物内，或者未与居住场所保持安全距离的，责令停产停业，并处五千元以上五万元以下罚款。

生产、储存、经营其他物品的场所与居住场所设置在同一建筑物内，不符合消防技术标准的，依照前款规定处罚。

第六十二条 有下列行为之一的，依照《中华人民共和国治安管理处罚法》的规定处罚：

（一）违反有关消防技术标准和管理规定生产、储存、运输、销售、使用、销毁易燃易爆危险品的；

（二）非法携带易燃易爆危险品进入公共场所或者乘坐公共交通工具的；

（三）谎报火警的；

（四）阻碍消防车、消防艇执行任务的；

（五）阻碍公安机关消防机构的工作人员依法执行职务的。

第六十三条 违反本法规定，有下列行为之一的，处警告或者五百元以下罚款；情节严重的，处五日以下拘留：

（一）违反消防安全规定进入生产、储存易燃易爆危险品场所的；

（二）违反规定使用明火作业或者在具有火灾、爆炸危险的场所吸烟、使用明火的。

第六十四条 违反本法规定，有下列行为之一，尚不构成犯罪的，处十日以上十五日以下拘留，可以并处五百元以下罚款；情节较轻的，处警告或者五百元以下罚款：

（一）指使或者强令他人违反消防安全规定，冒险作业的；

（二）过失引起火灾的；

（三）在火灾发生后阻拦报警，或者负有报告职责的人员不及时报警的；

（四）扰乱火灾现场秩序，或者拒不执行火灾现场指挥员指挥，影响灭火救援的；

（五）故意破坏或者伪造火灾现场的；

（六）擅自拆封或者使用被公安机关消防机构查封的场所、部位的。

第六十五条 违反本法规定，生产、销售不合格的消防产品或者国家明令淘汰的消防产品的，由产品质量监督部门或者工商行政管理部门依照《中华人民共和国产品质量法》的规定从重处罚。

人员密集场所使用不合格的消防产品或者国家明令淘汰的消防产品的，责令限期改正；逾期不改正的，处五千元以上五万元以下罚款，并对其直接负责的主管人员和其他直接责任人员处五百元以上二千元以下罚款；情节严重的，责令停产停业。

公安机关消防机构对于本条第二款规定的情形，除依法对使用者予以处罚外，应当将发现不合格的消防产品和国家明令淘汰的消防产品的情况通报产品质量监督部门、工商行政管理部门。产品质量监督部门、工商行政管理部门应当对生产者、销售者依法及时查处。

第六十六条 电器产品、燃气用具的安装、使用及其线路、管路的设计、敷设、维护保养、检测不符合消防技术标准和管理规定的，责令限期改正；逾期不改正的，责令停止使用，可以并处一千元以上五千元以下罚款。

第六十七条 机关、团体、企业、事业等单位违反本法第十六条、第十七条、第十八条、第二十一条第二款规定的，责令限期改正；逾期不改正的，对其直接负责的主管人员和其他直接责任人员依法给予处分或者给予警告处罚。

第六十八条 人员密集场所发生火灾，该场所的现场工作人员不履行组织、引导在场人员疏散的义务，情节严重，尚不构成犯罪的，处五日以上十日以下拘留。

第六十九条 消防产品质量认证、消防设施检测等消防技术服务机构出具虚假文件的，责令改正，处五万元以上十万元以下罚款，并对直接负责的主管人员和其他直接责任人员处一万元以上五万元以下罚款；有违法所得的，并处没收违法所得；给他人造成损失的，依法承担赔偿责任；情节严重的，由原许可机关依法责令停止执业或者吊销相应资质、资格。

前款规定的机构出具失实文件，给他人造成损失的，依法承担赔偿责任；造成重大损失的，由原许可机关依法责令停止执业或者吊销相应资质、资格。

第七十条　本法规定的行政处罚，除本法另有规定的外，由公安机关消防机构决定；其中拘留处罚由县级以上公安机关依照《中华人民共和国治安管理处罚法》的有关规定决定。

公安机关消防机构需要传唤消防安全违法行为人的，依照《中华人民共和国治安管理处罚法》的有关规定执行。

被责令停止施工、停止使用、停产停业的，应当在整改后向公安机关消防机构报告，经公安机关消防机构检查合格，方可恢复施工、使用、生产、经营。

当事人逾期不执行停产停业、停止使用、停止施工决定的，由作出决定的公安机关消防机构强制执行。

责令停产停业，对经济和社会生活影响较大的，由公安机关消防机构提出意见，并由公安机关报请本级人民政府依法决定。本级人民政府组织公安机关等部门实施。

第七十一条　公安机关消防机构的工作人员滥用职权、玩忽职守、徇私舞弊，有下列行为之一，尚不构成犯罪的，依法给予处分：

（一）对不符合消防安全要求的消防设计文件、建设工程、场所准予审核合格、消防验收合格、消防安全检查合格的；

（二）无故拖延消防设计审核、消防验收、消防安全检查，不在法定期限内履行审批职责的；

（三）发现火灾隐患不及时通知有关单位或者个人整改的；

（四）利用职务为用户、建设单位指定或者变相指定消防产品的品牌、销售单位或者消防技术服务机构、消防设施施工单位的；

（五）将消防车、消防艇以及消防器材、装备和设施用于与消防和应急救援无关的事项的；

（六）其他滥用职权、玩忽职守、徇私舞弊的行为。

建设、产品质量监督、工商行政管理等其他有关行政主管部门的工作人员在消防工作中滥用职权、玩忽职守、徇私舞弊，尚不构成犯罪的，依法给予处分。

第七十二条 违反本法规定，构成犯罪的，依法追究刑事责任。

第七章 附 则

第七十三条 本法下列用语的含义：

（一）消防设施，是指火灾自动报警系统、自动灭火系统、消火栓系统、防烟排烟系统以及应急广播和应急照明、安全疏散设施等。

（二）消防产品，是指专门用于火灾预防、灭火救援和火灾防护、避难、逃生的产品。

（三）公众聚集场所，是指宾馆、饭店、商场、集贸市场、客运车站候车室、客运码头候船厅、民用机场航站楼、体育场馆、会堂以及公共娱乐场所等。

（四）人员密集场所，是指公众聚集场所，医院的门诊楼、病房楼，学校的教学楼、图书馆、食堂和集体宿舍，养老院，福利院，托儿所，幼儿园，公共图书馆的阅览室，公共展览馆、博物馆的展示厅，劳动密集型企业的生产加工车间和员工集体宿舍，旅游、宗教活动场所等。

第七十四条 本法自 2009 年 5 月 1 日起施行。

中华人民共和国道路交通安全法

(2003 年 10 月 28 日第十届全国人民代表大会常务委员会第五次会议通过 根据 2007 年 12 月 29 日第十届全国人民代表大会常务委员会第三十一次会议《关于修改〈中华人民共和国道路交通安全法〉的决定》第一次修正 根据 2011 年 4 月 22 日第十一届全国人民代表大会常务委员会第二十次会议《关于修改〈中华人民共和国道路交通安全法〉的决定》第二次修正)

第一章 总 则

第一条 为了维护道路交通秩序，预防和减少交通事故，保护人身安全，保护公民、法人和其他组织的财产安全及其他合法权益，提高通行效率，制定本法。

第二条 中华人民共和国境内的车辆驾驶人、行人、乘车人以及与道路交通活动有关的单位和个人，都应当遵守本法。

第三条 道路交通安全工作，应当遵循依法管理、方便群众的原则，保障道路交通有序、安全、畅通。

第四条 各级人民政府应当保障道路交通安全管理工作与经济建设和社会发展相适应。

县级以上地方各级人民政府应当适应道路交通发展的需要，依据道路交通安全法律、法规和国家有关政策，制定道路交通安全管理规划，并组织实施。

第五条 国务院公安部门负责全国道路交通安全管理工作。县级以上地方各级人民政府公安机关交通管理部门负责本行政区域内的道路交通安全管理工作。

县级以上各级人民政府交通、建设管理部门依据各自职责，负责有关的道路交通工作。

第六条 各级人民政府应当经常进行道路交通安全教育，提高公民的道路交通安全意识。

公安机关交通管理部门及其交通警察执行职务时，应当加强道路交通安全法律、法规的宣传，并模范遵守道路交通安全法律、法规。

机关、部队、企业事业单位、社会团体以及其他组织，应当对本单位的人员进行道路交通安全教育。

教育行政部门、学校应当将道路交通安全教育纳入法制教育的内容。

新闻、出版、广播、电视等有关单位，有进行道路交通安全教育的义务。

第七条　对道路交通安全管理工作，应当加强科学研究，推广、使用先进的管理方法、技术、设备。

第二章　车辆和驾驶人

第一节　机动车、非机动车

第八条　国家对机动车实行登记制度。机动车经公安机关交通管理部门登记后，方可上道路行驶。尚未登记的机动车，需要临时上道路行驶的，应当取得临时通行牌证。

第九条　申请机动车登记，应当提交以下证明、凭证：

（一）机动车所有人的身份证明；

（二）机动车来历证明；

（三）机动车整车出厂合格证明或者进口机动车进口凭证；

（四）车辆购置税的完税证明或者免税凭证；

（五）法律、行政法规规定应当在机动车登记时提交的其他证明、凭证。

公安机关交通管理部门应当自受理申请之日起五个工作日内完成机动车登记审查工作，对符合前款规定条件的，应当发放机动车登记证书、号牌和行驶证；对不符合前款规定条件的，应当向申请人说明不予登记的理由。

公安机关交通管理部门以外的任何单位或者个人不得发放机动车号牌或

者要求机动车悬挂其他号牌，本法另有规定的除外。

机动车登记证书、号牌、行驶证的式样由国务院公安部门规定并监制。

第十条 准予登记的机动车应当符合机动车国家安全技术标准。申请机动车登记时，应当接受对该机动车的安全技术检验。但是，经国家机动车产品主管部门依据机动车国家安全技术标准认定的企业生产的机动车型，该车型的新车在出厂时经检验符合机动车国家安全技术标准，获得检验合格证的，免予安全技术检验。

第十一条 驾驶机动车上道路行驶，应当悬挂机动车号牌，放置检验合格标志、保险标志，并随车携带机动车行驶证。

机动车号牌应当按照规定悬挂并保持清晰、完整，不得故意遮挡、污损。

任何单位和个人不得收缴、扣留机动车号牌。

第十二条 有下列情形之一的，应当办理相应的登记：

（一）机动车所有权发生转移的；

（二）机动车登记内容变更的；

（三）机动车用作抵押的；

（四）机动车报废的。

第十三条 对登记后上道路行驶的机动车，应当依照法律、行政法规的规定，根据车辆用途、载客载货数量、使用年限等不同情况，定期进行安全技术检验。对提供机动车行驶证和机动车第三者责任强制保险单的，机动车安全技术检验机构应当予以检验，任何单位不得附加其他条件。对符合机动车国家安全技术标准的，公安机关交通管理部门应当发给检验合格标志。

对机动车的安全技术检验实行社会化。具体办法由国务院规定。

机动车安全技术检验实行社会化的地方，任何单位不得要求机动车到指定的场所进行检验。

公安机关交通管理部门、机动车安全技术检验机构不得要求机动车到指定的场所进行维修、保养。

机动车安全技术检验机构对机动车检验收取费用，应当严格执行国务院价格主管部门核定的收费标准。

第十四条 国家实行机动车强制报废制度，根据机动车的安全技术状况和不同用途，规定不同的报废标准。

应当报废的机动车必须及时办理注销登记。

达到报废标准的机动车不得上道路行驶。报废的大型客、货车及其他营运车辆应当在公安机关交通管理部门的监督下解体。

第十五条 警车、消防车、救护车、工程救险车应当按照规定喷涂标志图案，安装警报器、标志灯具。其他机动车不得喷涂、安装、使用上述车辆专用的或者与其相类似的标志图案、警报器或者标志灯具。

警车、消防车、救护车、工程救险车应当严格按照规定的用途和条件使用。

公路监督检查的专用车辆，应当依照公路法的规定，设置统一的标志和示警灯。

第十六条 任何单位或者个人不得有下列行为：

（一）拼装机动车或者擅自改变机动车已登记的结构、构造或者特征；

（二）改变机动车型号、发动机号、车架号或者车辆识别代号；

（三）伪造、变造或者使用伪造、变造的机动车登记证书、号牌、行驶证、检验合格标志、保险标志；

（四）使用其他机动车的登记证书、号牌、行驶证、检验合格标志、保险标志。

第十七条 国家实行机动车第三者责任强制保险制度，设立道路交通事故社会救助基金。具体办法由国务院规定。

第十八条 依法应当登记的非机动车，经公安机关交通管理部门登记后，方可上道路行驶。

依法应当登记的非机动车的种类，由省、自治区、直辖市人民政府根据当地实际情况规定。

非机动车的外形尺寸、质量、制动器、车铃和夜间反光装置，应当符合非机动车安全技术标准。

第二节　机动车驾驶人

第十九条　驾驶机动车，应当依法取得机动车驾驶证。

申请机动车驾驶证，应当符合国务院公安部门规定的驾驶许可条件；经考试合格后，由公安机关交通管理部门发给相应类别的机动车驾驶证。

持有境外机动车驾驶证的人，符合国务院公安部门规定的驾驶许可条件，经公安机关交通管理部门考核合格的，可以发给中国的机动车驾驶证。

驾驶人应当按照驾驶证载明的准驾车型驾驶机动车；驾驶机动车时，应当随身携带机动车驾驶证。

公安机关交通管理部门以外的任何单位或者个人，不得收缴、扣留机动车驾驶证。

第二十条　机动车的驾驶培训实行社会化，由交通主管部门对驾驶培训学校、驾驶培训班实行资格管理，其中专门的拖拉机驾驶培训学校、驾驶培训班由农业（农业机械）主管部门实行资格管理。

驾驶培训学校、驾驶培训班应当严格按照国家有关规定，对学员进行道路交通安全法律、法规、驾驶技能的培训，确保培训质量。

任何国家机关以及驾驶培训和考试主管部门不得举办或者参与举办驾驶培训学校、驾驶培训班。

第二十一条　驾驶人驾驶机动车上道路行驶前，应当对机动车的安全技术性能进行认真检查；不得驾驶安全设施不全或者机件不符合技术标准等具有安全隐患的机动车。

第二十二条　机动车驾驶人应当遵守道路交通安全法律、法规的规定，按照操作规范安全驾驶、文明驾驶。

饮酒、服用国家管制的精神药品或者麻醉药品，或者患有妨碍安全驾驶机动车的疾病，或者过度疲劳影响安全驾驶的，不得驾驶机动车。

任何人不得强迫、指使、纵容驾驶人违反道路交通安全法律、法规和机动车安全驾驶要求驾驶机动车。

第二十三条　公安机关交通管理部门依照法律、行政法规的规定，定期对机动车驾驶证实施审验。

第二十四条　公安机关交通管理部门对机动车驾驶人违反道路交通安全法律、法规的行为，除依法给予行政处罚外，实行累积记分制度。公安机关交通管理部门对累积记分达到规定分值的机动车驾驶人，扣留机动车驾驶证，对其进行道路交通安全法律、法规教育，重新考试；考试合格的，发还其机动车驾驶证。

对遵守道路交通安全法律、法规，在一年内无累积记分的机动车驾驶人，可以延长机动车驾驶证的审验期。具体办法由国务院公安部门规定。

第三章　道路通行条件

第二十五条　全国实行统一的道路交通信号。

交通信号包括交通信号灯、交通标志、交通标线和交通警察的指挥。

交通信号灯、交通标志、交通标线的设置应当符合道路交通安全、畅通的要求和国家标准，并保持清晰、醒目、准确、完好。

根据通行需要，应当及时增设、调换、更新道路交通信号。增设、调换、更新限制性的道路交通信号，应当提前向社会公告，广泛进行宣传。

第二十六条　交通信号灯由红灯、绿灯、黄灯组成。红灯表示禁止通行，绿灯表示准许通行，黄灯表示警示。

第二十七条　铁路与道路平面交叉的道口，应当设置警示灯、警示标志或者安全防护设施。无人看守的铁路道口，应当在距道口一定距离处设置警示标志。

第二十八条　任何单位和个人不得擅自设置、移动、占用、损毁交通信号灯、交通标志、交通标线。

道路两侧及隔离带上种植的树木或者其他植物，设置的广告牌、管线等，应当与交通设施保持必要的距离，不得遮挡路灯、交通信号灯、交通标志，不得妨碍安全视距，不得影响通行。

第二十九条　道路、停车场和道路配套设施的规划、设计、建设，应当符合道路交通安全、畅通的要求，并根据交通需求及时调整。

公安机关交通管理部门发现已经投入使用的道路存在交通事故频发路段，或者停车场、道路配套设施存在交通安全严重隐患的，应当及时向当地人民政府报告，并提出防范交通事故、消除隐患的建议，当地人民政府应当及时作出处理决定。

第三十条　道路出现坍塌、坑漕、水毁、隆起等损毁或者交通信号灯、交通标志、交通标线等交通设施损毁、灭失的，道路、交通设施的养护部门或者管理部门应当设置警示标志并及时修复。

公安机关交通管理部门发现前款情形，危及交通安全，尚未设置警示标志的，应当及时采取安全措施，疏导交通，并通知道路、交通设施的养护部门或者管理部门。

第三十一条　未经许可，任何单位和个人不得占用道路从事非交通活动。

第三十二条　因工程建设需要占用、挖掘道路，或者跨越、穿越道路架设、增设管线设施，应当事先征得道路主管部门的同意；影响交通安全的，还应当征得公安机关交通管理部门的同意。

施工作业单位应当在经批准的路段和时间内施工作业，并在距离施工作业地点来车方向安全距离处设置明显的安全警示标志，采取防护措施；施工作业完毕，应当迅速清除道路上的障碍物，消除安全隐患，经道路主管部门和公安机关交通管理部门验收合格，符合通行要求后，方可恢复通行。

对未中断交通的施工作业道路，公安机关交通管理部门应当加强交通安全监督检查，维护道路交通秩序。

第三十三条　新建、改建、扩建的公共建筑、商业街区、居住区、大（中）型建筑等，应当配建、增建停车场；停车泊位不足的，应当及时改建或者扩建；投入使用的停车场不得擅自停止使用或者改作他用。

在城市道路范围内，在不影响行人、车辆通行的情况下，政府有关部门可以施划停车泊位。

第三十四条　学校、幼儿园、医院、养老院门前的道路没有行人过街设施的，应当施划人行横道线，设置提示标志。

城市主要道路的人行道，应当按照规划设置盲道。盲道的设置应当符合国家标准。

第四章　道路通行规定

第一节　一般规定

第三十五条　机动车、非机动车实行右侧通行。

第三十六条　根据道路条件和通行需要，道路划分为机动车道、非机动车道和人行道的，机动车、非机动车、行人实行分道通行。没有划分机动车道、非机动车道和人行道的，机动车在道路中间通行，非机动车和行人在道路两侧通行。

第三十七条　道路划设专用车道的，在专用车道内，只准许规定的车辆通行，其他车辆不得进入专用车道内行驶。

第三十八条　车辆、行人应当按照交通信号通行；遇有交通警察现场指挥时，应当按照交通警察的指挥通行；在没有交通信号的道路上，应当在确保安全、畅通的原则下通行。

第三十九条　公安机关交通管理部门根据道路和交通流量的具体情况，可以对机动车、非机动车、行人采取疏导、限制通行、禁止通行等措施。遇有大型群众性活动、大范围施工等情况，需要采取限制交通的措施，或者作出与公众的道路交通活动直接有关的决定，应当提前向社会公告。

第四十条　遇有自然灾害、恶劣气象条件或者重大交通事故等严重影响交通安全的情形，采取其他措施难以保证交通安全时，公安机关交通管理部门可以实行交通管制。

第四十一条　有关道路通行的其他具体规定，由国务院规定。

第二节　机动车通行规定

第四十二条　机动车上道路行驶，不得超过限速标志标明的最高时速。在没有限速标志的路段，应当保持安全车速。

夜间行驶或者在容易发生危险的路段行驶，以及遇有沙尘、冰雹、雨、雪、雾、结冰等气象条件时，应当降低行驶速度。

第四十三条　同车道行驶的机动车，后车应当与前车保持足以采取紧急制动措施的安全距离。有下列情形之一的，不得超车：

（一）前车正在左转弯、掉头、超车的；

（二）与对面来车有会车可能的；

（三）前车为执行紧急任务的警车、消防车、救护车、工程救险车的；

（四）行经铁路道口、交叉路口、窄桥、弯道、陡坡、隧道、人行横道、市区交通流量大的路段等没有超车条件的。

第四十四条　机动车通过交叉路口，应当按照交通信号灯、交通标志、交通标线或者交通警察的指挥通过；通过没有交通信号灯、交通标志、交通标线或者交通警察指挥的交叉路口时，应当减速慢行，并让行人和优先通行的车辆先行。

第四十五条　机动车遇有前方车辆停车排队等候或者缓慢行驶时，不得借道超车或者占用对面车道，不得穿插等候的车辆。

在车道减少的路段、路口，或者在没有交通信号灯、交通标志、交通标线或者交通警察指挥的交叉路口遇到停车排队等候或者缓慢行驶时，机动车应当依次交替通行。

第四十六条　机动车通过铁路道口时，应当按照交通信号或者管理人员的指挥通行；没有交通信号或者管理人员的，应当减速或者停车，在确认安全后通过。

第四十七条　机动车行经人行横道时，应当减速行驶；遇行人正在通过人行横道，应当停车让行。

机动车行经没有交通信号的道路时，遇行人横过道路，应当避让。

第四十八条　机动车载物应当符合核定的载质量，严禁超载；载物的长、宽、高不得违反装载要求，不得遗洒、飘散载运物。

机动车运载超限的不可解体的物品，影响交通安全的，应当按照公安机关交通管理部门指定的时间、路线、速度行驶，悬挂明显标志。在公路上运载超限的不可解体的物品，并应当依照公路法的规定执行。

机动车载运爆炸物品、易燃易爆化学物品以及剧毒、放射性等危险物品，应当经公安机关批准后，按指定的时间、路线、速度行驶，悬挂警示标志并采取必要的安全措施。

第四十九条 机动车载人不得超过核定的人数，客运机动车不得违反规定载货。

第五十条 禁止货运机动车载客。

货运机动车需要附载作业人员的，应当设置保护作业人员的安全措施。

第五十一条 机动车行驶时，驾驶人、乘坐人员应当按规定使用安全带，摩托车驾驶人及乘坐人员应当按规定戴安全头盔。

第五十二条 机动车在道路上发生故障，需要停车排除故障时，驾驶人应当立即开启危险报警闪光灯，将机动车移至不妨碍交通的地方停放；难以移动的，应当持续开启危险报警闪光灯，并在来车方向设置警告标志等措施扩大示警距离，必要时迅速报警。

第五十三条 警车、消防车、救护车、工程救险车执行紧急任务时，可以使用警报器、标志灯具；在确保安全的前提下，不受行驶路线、行驶方向、行驶速度和信号灯的限制，其他车辆和行人应当让行。

警车、消防车、救护车、工程救险车非执行紧急任务时，不得使用警报器、标志灯具，不享有前款规定的道路优先通行权。

第五十四条 道路养护车辆、工程作业车进行作业时，在不影响过往车辆通行的前提下，其行驶路线和方向不受交通标志、标线限制，过往车辆和人员应当注意避让。

洒水车、清扫车等机动车应当按照安全作业标准作业；在不影响其他车辆通行的情况下，可以不受车辆分道行驶的限制，但是不得逆向行驶。

第五十五条 高速公路、大中城市中心城区内的道路，禁止拖拉机通行。其他禁止拖拉机通行的道路，由省、自治区、直辖市人民政府根据当地实际情况规定。

在允许拖拉机通行的道路上，拖拉机可以从事货运，但是不得用于载人。

第五十六条　机动车应当在规定地点停放。禁止在人行道上停放机动车；但是，依照本法第三十三条规定施划的停车泊位除外。

在道路上临时停车的，不得妨碍其他车辆和行人通行。

第三节　非机动车通行规定

第五十七条　驾驶非机动车在道路上行驶应当遵守有关交通安全的规定。非机动车应当在非机动车道内行驶；在没有非机动车道的道路上，应当靠车行道的右侧行驶。

第五十八条　残疾人机动轮椅车、电动自行车在非机动车道内行驶时，最高时速不得超过十五公里。

第五十九条　非机动车应当在规定地点停放。未设停放地点的，非机动车停放不得妨碍其他车辆和行人通行。

第六十条　驾驭畜力车，应当使用驯服的牲畜；驾驭畜力车横过道路时，驾驭人应当下车牵引牲畜；驾驭人离开车辆时，应当拴系牲畜。

第四节　行人和乘车人通行规定

第六十一条　行人应当在人行道内行走，没有人行道的靠路边行走。

第六十二条　行人通过路口或者横过道路，应当走人行横道或者过街设施；通过有交通信号灯的人行横道，应当按照交通信号灯指示通行；通过没有交通信号灯、人行横道的路口，或者在没有过街设施的路段横过道路，应当在确认安全后通过。

第六十三条　行人不得跨越、倚坐道路隔离设施，不得扒车、强行拦车或者实施妨碍道路交通安全的其他行为。

第六十四条　学龄前儿童以及不能辨认或者不能控制自己行为的精神疾病患者、智力障碍者在道路上通行，应当由其监护人、监护人委托的人或者对其负有管理、保护职责的人带领。

盲人在道路上通行，应当使用盲杖或者采取其他导盲手段，车辆应当避让盲人。

第六十五条　行人通过铁路道口时，应当按照交通信号或者管理人员的指挥通行；没有交通信号和管理人员的，应当在确认无火车驶临后，迅速通过。

第六十六条　乘车人不得携带易燃易爆等危险物品，不得向车外抛洒物品，不得有影响驾驶人安全驾驶的行为。

第五节　高速公路的特别规定

第六十七条　行人、非机动车、拖拉机、轮式专用机械车、铰接式客车、全挂拖斗车以及其他设计最高时速低于七十公里的机动车，不得进入高速公路。高速公路限速标志标明的最高时速不得超过一百二十公里。

第六十八条　机动车在高速公路上发生故障时，应当依照本法第五十二条的有关规定办理；但是，警告标志应当设置在故障车来车方向一百五十米以外，车上人员应当迅速转移到右侧路肩上或者应急车道内，并且迅速报警。

机动车在高速公路上发生故障或者交通事故，无法正常行驶的，应当由救援车、清障车拖曳、牵引。

第六十九条　任何单位、个人不得在高速公路上拦截检查行驶的车辆，公安机关的人民警察依法执行紧急公务除外。

第五章　交通事故处理

第七十条　在道路上发生交通事故，车辆驾驶人应当立即停车，保护现场；造成人身伤亡的，车辆驾驶人应当立即抢救受伤人员，并迅速报告执勤的交通警察或者公安机关交通管理部门。因抢救受伤人员变动现场的，应当标明位置。乘车人、过往车辆驾驶人、过往行人应当予以协助。

在道路上发生交通事故，未造成人身伤亡，当事人对事实及成因无争议的，可以即行撤离现场，恢复交通，自行协商处理损害赔偿事宜；不即行撤离现场的，应当迅速报告执勤的交通警察或者公安机关交通管理部门。

在道路上发生交通事故，仅造成轻微财产损失，并且基本事实清楚的，当事人应当先撤离现场再进行协商处理。

第七十一条 车辆发生交通事故后逃逸的，事故现场目击人员和其他知情人员应当向公安机关交通管理部门或者交通警察举报。举报属实的，公安机关交通管理部门应当给予奖励。

第七十二条 公安机关交通管理部门接到交通事故报警后，应当立即派交通警察赶赴现场，先组织抢救受伤人员，并采取措施，尽快恢复交通。

交通警察应当对交通事故现场进行勘验、检查，收集证据；因收集证据的需要，可以扣留事故车辆，但是应当妥善保管，以备核查。

对当事人的生理、精神状况等专业性较强的检验，公安机关交通管理部门应当委托专门机构进行鉴定。鉴定结论应当由鉴定人签名。

第七十三条 公安机关交通管理部门应当根据交通事故现场勘验、检查、调查情况和有关的检验、鉴定结论，及时制作交通事故认定书，作为处理交通事故的证据。交通事故认定书应当载明交通事故的基本事实、成因和当事人的责任，并送达当事人。

第七十四条 对交通事故损害赔偿的争议，当事人可以请求公安机关交通管理部门调解，也可以直接向人民法院提起民事诉讼。

经公安机关交通管理部门调解，当事人未达成协议或者调解书生效后不履行的，当事人可以向人民法院提起民事诉讼。

第七十五条 医疗机构对交通事故中的受伤人员应当及时抢救，不得因抢救费用未及时支付而拖延救治。肇事车辆参加机动车第三者责任强制保险的，由保险公司在责任限额范围内支付抢救费用；抢救费用超过责任限额的，未参加机动车第三者责任强制保险或者肇事后逃逸的，由道路交通事故社会救助基金先行垫付部分或者全部抢救费用，道路交通事故社会救助基金管理机构有权向交通事故责任人追偿。

第七十六条 机动车发生交通事故造成人身伤亡、财产损失的，由保险公司在机动车第三者责任强制保险责任限额范围内予以赔偿；不足的部分，按照下列规定承担赔偿责任：

（一）机动车之间发生交通事故的，由有过错的一方承担赔偿责任；双方都有过错的，按照各自过错的比例分担责任。

（二）机动车与非机动车驾驶人、行人之间发生交通事故，非机动车驾驶人、行人没有过错的，由机动车一方承担赔偿责任；有证据证明非机动车驾驶人、行人有过错的，根据过错程度适当减轻机动车一方的赔偿责任；机动车一方没有过错的，承担不超过百分之十的赔偿责任。

交通事故的损失是由非机动车驾驶人、行人故意碰撞机动车造成的，机动车一方不承担赔偿责任。

第七十七条 车辆在道路以外通行时发生的事故，公安机关交通管理部门接到报案的，参照本法有关规定办理。

第六章　执法监督

第七十八条 公安机关交通管理部门应当加强对交通警察的管理，提高交通警察的素质和管理道路交通的水平。

公安机关交通管理部门应当对交通警察进行法制和交通安全管理业务培训、考核。交通警察经考核不合格的，不得上岗执行职务。

第七十九条 公安机关交通管理部门及其交通警察实施道路交通安全管理，应当依据法定的职权和程序，简化办事手续，做到公正、严格、文明、高效。

第八十条 交通警察执行职务时，应当按照规定着装，佩带人民警察标志，持有人民警察证件，保持警容严整，举止端庄，指挥规范。

第八十一条 依照本法发放牌证等收取工本费，应当严格执行国务院价格主管部门核定的收费标准，并全部上缴国库。

第八十二条 公安机关交通管理部门依法实施罚款的行政处罚，应当依照有关法律、行政法规的规定，实施罚款决定与罚款收缴分离；收缴的罚款以及依法没收的违法所得，应当全部上缴国库。

第八十三条 交通警察调查处理道路交通安全违法行为和交通事故，有下列情形之一的，应当回避：

（一）是本案的当事人或者当事人的近亲属；

（二）本人或者其近亲属与本案有利害关系；

（三）与本案当事人有其他关系，可能影响案件的公正处理。

第八十四条 公安机关交通管理部门及其交通警察的行政执法活动，应当接受行政监察机关依法实施的监督。

公安机关督察部门应当对公安机关交通管理部门及其交通警察执行法律、法规和遵守纪律的情况依法进行监督。

上级公安机关交通管理部门应当对下级公安机关交通管理部门的执法活动进行监督。

第八十五条 公安机关交通管理部门及其交通警察执行职务，应当自觉接受社会和公民的监督。

任何单位和个人都有权对公安机关交通管理部门及其交通警察不严格执法以及违法违纪行为进行检举、控告。收到检举、控告的机关，应当依据职责及时查处。

第八十六条 任何单位不得给公安机关交通管理部门下达或者变相下达罚款指标；公安机关交通管理部门不得以罚款数额作为考核交通警察的标准。

公安机关交通管理部门及其交通警察对超越法律、法规规定的指令，有权拒绝执行，并同时向上级机关报告。

第七章　法律责任

第八十七条 公安机关交通管理部门及其交通警察对道路交通安全违法行为，应当及时纠正。

公安机关交通管理部门及其交通警察应当依据事实和本法的有关规定对道路交通安全违法行为予以处罚。对于情节轻微，未影响道路通行的，指出违法行为，给予口头警告后放行。

第八十八条 对道路交通安全违法行为的处罚种类包括：警告、罚款、暂扣或者吊销机动车驾驶证、拘留。

第八十九条 行人、乘车人、非机动车驾驶人违反道路交通安全法律、法规关于道路通行规定的，处警告或者五元以上五十元以下罚款；非机动车驾驶人拒绝接受罚款处罚的，可以扣留其非机动车。

第九十条　机动车驾驶人违反道路交通安全法律、法规关于道路通行规定的，处警告或者二十元以上二百元以下罚款。本法另有规定的，依照规定处罚。

第九十一条　饮酒后驾驶机动车的，处暂扣六个月机动车驾驶证，并处一千元以上二千元以下罚款。因饮酒后驾驶机动车被处罚，再次饮酒后驾驶机动车的，处十日以下拘留，并处一千元以上二千元以下罚款，吊销机动车驾驶证。

醉酒驾驶机动车的，由公安机关交通管理部门约束至酒醒，吊销机动车驾驶证，依法追究刑事责任；五年内不得重新取得机动车驾驶证。

饮酒后驾驶营运机动车的，处十五日拘留，并处五千元罚款，吊销机动车驾驶证，五年内不得重新取得机动车驾驶证。

醉酒驾驶营运机动车的，由公安机关交通管理部门约束至酒醒，吊销机动车驾驶证，依法追究刑事责任；十年内不得重新取得机动车驾驶证，重新取得机动车驾驶证后，不得驾驶营运机动车。

饮酒后或者醉酒驾驶机动车发生重大交通事故，构成犯罪的，依法追究刑事责任，并由公安机关交通管理部门吊销机动车驾驶证，终生不得重新取得机动车驾驶证。

第九十二条　公路客运车辆载客超过额定乘员的，处二百元以上五百元以下罚款；超过额定乘员百分之二十或者违反规定载货的，处五百元以上二千元以下罚款。

货运机动车超过核定载质量的，处二百元以上五百元以下罚款；超过核定载质量百分之三十或者违反规定载客的，处五百元以上二千元以下罚款。

有前两款行为的，由公安机关交通管理部门扣留机动车至违法状态消除。

运输单位的车辆有本条第一款、第二款规定的情形，经处罚不改的，对直接负责的主管人员处二千元以上五千元以下罚款。

第九十三条　对违反道路交通安全法律、法规关于机动车停放、临时停车规定的，可以指出违法行为，并予以口头警告，令其立即驶离。

机动车驾驶人不在现场或者虽在现场但拒绝立即驶离，妨碍其他车辆、行人通行的，处二十元以上二百元以下罚款，并可以将该机动车拖移至不妨碍交通的地点或者公安机关交通管理部门指定的地点停放。公安机关交通管理部门拖车不得向当事人收取费用，并应当及时告知当事人停放地点。

因采取不正确的方法拖车造成机动车损坏的，应当依法承担补偿责任。

第九十四条 机动车安全技术检验机构实施机动车安全技术检验超过国务院价格主管部门核定的收费标准收取费用的，退还多收取的费用，并由价格主管部门依照《中华人民共和国价格法》的有关规定给予处罚。

机动车安全技术检验机构不按照机动车国家安全技术标准进行检验，出具虚假检验结果的，由公安机关交通管理部门处所收检验费用五倍以上十倍以下罚款，并依法撤销其检验资格；构成犯罪的，依法追究刑事责任。

第九十五条 上道路行驶的机动车未悬挂机动车号牌，未放置检验合格标志、保险标志，或者未随车携带行驶证、驾驶证的，公安机关交通管理部门应当扣留机动车，通知当事人提供相应的牌证、标志或者补办相应手续，并可以依照本法第九十条的规定予以处罚。当事人提供相应的牌证、标志或者补办相应手续的，应当及时退还机动车。

故意遮挡、污损或者不按规定安装机动车号牌的，依照本法第九十条的规定予以处罚。

第九十六条 伪造、变造或者使用伪造、变造的机动车登记证书、号牌、行驶证、驾驶证的，由公安机关交通管理部门予以收缴，扣留该机动车，处十五日以下拘留，并处二千元以上五千元以下罚款；构成犯罪的，依法追究刑事责任。

伪造、变造或者使用伪造、变造的检验合格标志、保险标志的，由公安机关交通管理部门予以收缴，扣留该机动车，处十日以下拘留，并处一千元以上三千元以下罚款；构成犯罪的，依法追究刑事责任。

使用其他车辆的机动车登记证书、号牌、行驶证、检验合格标志、保险标志的，由公安机关交通管理部门予以收缴，扣留该机动车，处二千元以上五千元以下罚款。

当事人提供相应的合法证明或者补办相应手续的，应当及时退还机动车。

第九十七条 非法安装警报器、标志灯具的，由公安机关交通管理部门强制拆除，予以收缴，并处二百元以上二千元以下罚款。

第九十八条 机动车所有人、管理人未按照国家规定投保机动车第三者责任强制保险的，由公安机关交通管理部门扣留车辆至依照规定投保后，并处依照规定投保最低责任限额应缴纳的保险费的二倍罚款。

依照前款缴纳的罚款全部纳入道路交通事故社会救助基金。具体办法由国务院规定。

第九十九条 有下列行为之一的，由公安机关交通管理部门处二百元以上二千元以下罚款：

（一）未取得机动车驾驶证、机动车驾驶证被吊销或者机动车驾驶证被暂扣期间驾驶机动车的；

（二）将机动车交由未取得机动车驾驶证或者机动车驾驶证被吊销、暂扣的人驾驶的；

（三）造成交通事故后逃逸，尚不构成犯罪的；

（四）机动车行驶超过规定时速百分之五十的；

（五）强迫机动车驾驶人违反道路交通安全法律、法规和机动车安全驾驶要求驾驶机动车，造成交通事故，尚不构成犯罪的；

（六）违反交通管制的规定强行通行，不听劝阻的；

（七）故意损毁、移动、涂改交通设施，造成危害后果，尚不构成犯罪的；

（八）非法拦截、扣留机动车辆，不听劝阻，造成交通严重阻塞或者较大财产损失的。

行为人有前款第二项、第四项情形之一的，可以并处吊销机动车驾驶证；有第一项、第三项、第五项至第八项情形之一的，可以并处十五日以下拘留。

第一百条　驾驶拼装的机动车或者已达到报废标准的机动车上道路行驶的，公安机关交通管理部门应当予以收缴，强制报废。

对驾驶前款所列机动车上道路行驶的驾驶人，处二百元以上二千元以下罚款，并吊销机动车驾驶证。

出售已达到报废标准的机动车的，没收违法所得，处销售金额等额的罚款，对该机动车依照本条第一款的规定处理。

第一百零一条　违反道路交通安全法律、法规的规定，发生重大交通事故，构成犯罪的，依法追究刑事责任，并由公安机关交通管理部门吊销机动车驾驶证。

造成交通事故后逃逸的，由公安机关交通管理部门吊销机动车驾驶证，且终生不得重新取得机动车驾驶证。

第一百零二条　对六个月内发生二次以上特大交通事故负有主要责任或者全部责任的专业运输单位，由公安机关交通管理部门责令消除安全隐患，未消除安全隐患的机动车，禁止上道路行驶。

第一百零三条　国家机动车产品主管部门未按照机动车国家安全技术标准严格审查，许可不合格机动车型投入生产的，对负有责任的主管人员和其他直接责任人员给予降级或者撤职的行政处分。

机动车生产企业经国家机动车产品主管部门许可生产的机动车型，不执行机动车国家安全技术标准或者不严格进行机动车成品质量检验，致使质量不合格的机动车出厂销售的，由质量技术监督部门依照《中华人民共和国产品质量法》的有关规定给予处罚。

擅自生产、销售未经国家机动车产品主管部门许可生产的机动车型的，没收非法生产、销售的机动车成品及配件，可以并处非法产品价值三倍以上五倍以下罚款；有营业执照的，由工商行政管理部门吊销营业执照，没有营业执照的，予以查封。

生产、销售拼装的机动车或者生产、销售擅自改装的机动车的，依照本条第三款的规定处罚。

有本条第二款、第三款、第四款所列违法行为，生产或者销售不符合机动车国家安全技术标准的机动车，构成犯罪的，依法追究刑事责任。

第一百零四条　未经批准，擅自挖掘道路、占用道路施工或者从事其他影响道路交通安全活动的，由道路主管部门责令停止违法行为，并恢复原状，可以依法给予罚款；致使通行的人员、车辆及其他财产遭受损失的，依法承担赔偿责任。

有前款行为，影响道路交通安全活动的，公安机关交通管理部门可以责令停止违法行为，迅速恢复交通。

第一百零五条　道路施工作业或者道路出现损毁，未及时设置警示标志、未采取防护措施，或者应当设置交通信号灯、交通标志、交通标线而没有设置或者应当及时变更交通信号灯、交通标志、交通标线而没有及时变更，致使通行的人员、车辆及其他财产遭受损失的，负有相关职责的单位应当依法承担赔偿责任。

第一百零六条　在道路两侧及隔离带上种植树木、其他植物或者设置广告牌、管线等，遮挡路灯、交通信号灯、交通标志，妨碍安全视距的，由公安机关交通管理部门责令行为人排除妨碍；拒不执行的，处二百元以上二千元以下罚款，并强制排除妨碍，所需费用由行为人负担。

第一百零七条　对道路交通违法行为人予以警告、二百元以下罚款，交通警察可以当场作出行政处罚决定，并出具行政处罚决定书。

行政处罚决定书应当载明当事人的违法事实、行政处罚的依据、处罚内容、时间、地点以及处罚机关名称，并由执法人员签名或者盖章。

第一百零八条　当事人应当自收到罚款的行政处罚决定书之日起十五日内，到指定的银行缴纳罚款。

对行人、乘车人和非机动车驾驶人的罚款，当事人无异议的，可以当场予以收缴罚款。

罚款应当开具省、自治区、直辖市财政部门统一制发的罚款收据；不出具财政部门统一制发的罚款收据的，当事人有权拒绝缴纳罚款。

第一百零九条　当事人逾期不履行行政处罚决定的，作出行政处罚决定的行政机关可以采取下列措施：

（一）到期不缴纳罚款的，每日按罚款数额的百分之三加处罚款；

（二）申请人民法院强制执行。

第一百一十条　执行职务的交通警察认为应当对道路交通违法行为人给予暂扣或者吊销机动车驾驶证处罚的，可以先予扣留机动车驾驶证，并在二十四小时内将案件移交公安机关交通管理部门处理。

道路交通违法行为人应当在十五日内到公安机关交通管理部门接受处理。无正当理由逾期未接受处理的，吊销机动车驾驶证。

公安机关交通管理部门暂扣或者吊销机动车驾驶证的，应当出具行政处罚决定书。

第一百一十一条　对违反本法规定予以拘留的行政处罚，由县、市公安局、公安分局或者相当于县一级的公安机关裁决。

第一百一十二条　公安机关交通管理部门扣留机动车、非机动车，应当当场出具凭证，并告知当事人在规定期限内到公安机关交通管理部门接受处理。

公安机关交通管理部门对被扣留的车辆应当妥善保管，不得使用。

逾期不来接受处理，并且经公告三个月仍不来接受处理的，对扣留的车辆依法处理。

第一百一十三条　暂扣机动车驾驶证的期限从处罚决定生效之日起计算；处罚决定生效前先予扣留机动车驾驶证的，扣留一日折抵暂扣期限一日。

吊销机动车驾驶证后重新申请领取机动车驾驶证的期限，按照机动车驾驶证管理规定办理。

第一百一十四条　公安机关交通管理部门根据交通技术监控记录资料，可以对违法的机动车所有人或者管理人依法予以处罚。对能够确定驾驶人的，可以依照本法的规定依法予以处罚。

第一百一十五条　交通警察有下列行为之一的，依法给予行政处分：

（一）为不符合法定条件的机动车发放机动车登记证书、号牌、行驶证、检验合格标志的；

（二）批准不符合法定条件的机动车安装、使用警车、消防车、救护车、工程救险车的警报器、标志灯具，喷涂标志图案的；

（三）为不符合驾驶许可条件、未经考试或者考试不合格人员发放机动车驾驶证的；

（四）不执行罚款决定与罚款收缴分离制度或者不按规定将依法收取的费用、收缴的罚款及没收的违法所得全部上缴国库的；

（五）举办或者参与举办驾驶学校或者驾驶培训班、机动车修理厂或者收费停车场等经营活动的；

（六）利用职务上的便利收受他人财物或者谋取其他利益的；

（七）违法扣留车辆、机动车行驶证、驾驶证、车辆号牌的；

（八）使用依法扣留的车辆的；

（九）当场收取罚款不开具罚款收据或者不如实填写罚款额的；

（十）徇私舞弊，不公正处理交通事故的；

（十一）故意刁难，拖延办理机动车牌证的；

（十二）非执行紧急任务时使用警报器、标志灯具的；

（十三）违反规定拦截、检查正常行驶的车辆的；

（十四）非执行紧急公务时拦截搭乘机动车的；

（十五）不履行法定职责的。

公安机关交通管理部门有前款所列行为之一的，对直接负责的主管人员和其他直接责任人员给予相应的行政处分。

第一百一十六条 依照本法第一百一十五条的规定，给予交通警察行政处分的，在作出行政处分决定前，可以停止其执行职务；必要时，可以予以禁闭。

依照本法第一百一十五条的规定，交通警察受到降级或者撤职行政处分的，可以予以辞退。

交通警察受到开除处分或者被辞退的，应当取消警衔；受到撤职以下行政处分的交通警察，应当降低警衔。

第一百一十七条 交通警察利用职权非法占有公共财物，索取、收受贿赂，或者滥用职权、玩忽职守，构成犯罪的，依法追究刑事责任。

第一百一十八条　公安机关交通管理部门及其交通警察有本法第一百一十五条所列行为之一，给当事人造成损失的，应当依法承担赔偿责任。

第八章　附　则

第一百一十九条　本法中下列用语的含义：

（一）"道路"，是指公路、城市道路和虽在单位管辖范围但允许社会机动车通行的地方，包括广场、公共停车场等用于公众通行的场所。

（二）"车辆"，是指机动车和非机动车。

（三）"机动车"，是指以动力装置驱动或者牵引，上道路行驶的供人员乘用或者用于运送物品以及进行工程专项作业的轮式车辆。

（四）"非机动车"，是指以人力或者畜力驱动，上道路行驶的交通工具，以及虽有动力装置驱动但设计最高时速、空车质量、外形尺寸符合有关国家标准的残疾人机动轮椅车、电动自行车等交通工具。

（五）"交通事故"，是指车辆在道路上因过错或者意外造成的人身伤亡或者财产损失的事件。

第一百二十条　中国人民解放军和中国人民武装警察部队在编机动车牌证、在编机动车检验以及机动车驾驶人考核工作，由中国人民解放军、中国人民武装警察部队有关部门负责。

第一百二十一条　对上道路行驶的拖拉机，由农业（农业机械）主管部门行使本法第八条、第九条、第十三条、第十九条、第二十三条规定的公安机关交通管理部门的管理职权。

农业（农业机械）主管部门依照前款规定行使职权，应当遵守本法有关规定，并接受公安机关交通管理部门的监督；对违反规定的，依照本法有关规定追究法律责任。

本法施行前由农业（农业机械）主管部门发放的机动车牌证，在本法施行后继续有效。

第一百二十二条　国家对入境的境外机动车的道路交通安全实施统一管

理。

第一百二十三条　省、自治区、直辖市人民代表大会常务委员会可以根据本地区的实际情况，在本法规定的罚款幅度内，规定具体的执行标准。

第一百二十四条　本法自 2004 年 5 月 1 日起施行。

二、水利安全生产相关行政法规

建设工程安全生产管理条例

（2003 年 11 月 24 日中华人民共和国国务院令第 393 号公布　自 2004 年 2 月 1 日起施行）

第一章　总　则

第一条　为了加强建设工程安全生产监督管理，保障人民群众生命和财产安全，根据《中华人民共和国建筑法》、《中华人民共和国安全生产法》，制定本条例。

第二条　在中华人民共和国境内从事建设工程的新建、扩建、改建和拆除等有关活动及实施对建设工程安全生产的监督管理，必须遵守本条例。

本条例所称建设工程，是指土木工程、建筑工程、线路管道和设备安装工程及装修工程。

第三条　建设工程安全生产管理，坚持安全第一、预防为主的方针。

第四条　建设单位、勘察单位、设计单位、施工单位、工程监理单位及其他与建设工程安全生产有关的单位，必须遵守安全生产法律、法规的规定，保证建设工程安全生产，依法承担建设工程安全生产责任。

第五条　国家鼓励建设工程安全生产的科学技术研究和先进技术的推广应用，推进建设工程安全生产的科学管理。

第二章　建设单位的安全责任

第六条　建设单位应当向施工单位提供施工现场及毗邻区域内供水、排水、供电、供气、供热、通信、广播电视等地下管线资料，气象和水文观测资料，相邻建筑物和构筑物、地下工程的有关资料，并保证资料的真实、准确、完整。

建设单位因建设工程需要，向有关部门或者单位查询前款规定的资料时，有关部门或者单位应当及时提供。

第七条　建设单位不得对勘察、设计、施工、工程监理等单位提出不符合建设工程安全生产法律、法规和强制性标准规定的要求，不得压缩合同约定的工期。

第八条　建设单位在编制工程概算时，应当确定建设工程安全作业环境及安全施工措施所需费用。

第九条　建设单位不得明示或者暗示施工单位购买、租赁、使用不符合安全施工要求的安全防护用具、机械设备、施工机具及配件、消防设施和器材。

第十条　建设单位在申请领取施工许可证时，应当提供建设工程有关安全施工措施的资料。

依法批准开工报告的建设工程，建设单位应当自开工报告批准之日起15日内，将保证安全施工的措施报送建设工程所在地的县级以上地方人民政府建设行政主管部门或者其他有关部门备案。

第十一条　建设单位应当将拆除工程发包给具有相应资质等级的施工单位。

建设单位应当在拆除工程施工15日前，将下列资料报送建设工程所在地的县级以上地方人民政府建设行政主管部门或者其他有关部门备案：

（一）施工单位资质等级证明；

（二）拟拆除建筑物、构筑物及可能危及毗邻建筑的说明；

（三）拆除施工组织方案；

（四）堆放、清除废弃物的措施。

实施爆破作业的，应当遵守国家有关民用爆炸物品管理的规定。

第三章　勘察、设计、工程监理及其他有关单位的安全责任

第十二条　勘察单位应当按照法律、法规和工程建设强制性标准进行勘察，提供的勘察文件应当真实、准确，满足建设工程安全生产的需要。

勘察单位在勘察作业时，应当严格执行操作规程，采取措施保证各类管

线、设施和周边建筑物、构筑物的安全。

第十三条 设计单位应当按照法律、法规和工程建设强制性标准进行设计，防止因设计不合理导致生产安全事故的发生。

设计单位应当考虑施工安全操作和防护的需要，对涉及施工安全的重点部位和环节在设计文件中注明，并对防范生产安全事故提出指导意见。

采用新结构、新材料、新工艺的建设工程和特殊结构的建设工程，设计单位应当在设计中提出保障施工作业人员安全和预防生产安全事故的措施建议。

设计单位和注册建筑师等注册执业人员应当对其设计负责。

第十四条 工程监理单位应当审查施工组织设计中的安全技术措施或者专项施工方案是否符合工程建设强制性标准。

工程监理单位在实施监理过程中，发现存在安全事故隐患的，应当要求施工单位整改；情况严重的，应当要求施工单位暂时停止施工，并及时报告建设单位。施工单位拒不整改或者不停止施工的，工程监理单位应当及时向有关主管部门报告。

工程监理单位和监理工程师应当按照法律、法规和工程建设强制性标准实施监理，并对建设工程安全生产承担监理责任。

第十五条 为建设工程提供机械设备和配件的单位，应当按照安全施工的要求配备齐全有效的保险、限位等安全设施和装置。

第十六条 出租的机械设备和施工机具及配件，应当具有生产（制造）许可证、产品合格证。

出租单位应当对出租的机械设备和施工机具及配件的安全性能进行检测，在签订租赁协议时，应当出具检测合格证明。

禁止出租检测不合格的机械设备和施工机具及配件。

第十七条 在施工现场安装、拆卸施工起重机械和整体提升脚手架、模板等自升式架设设施，必须由具有相应资质的单位承担。

安装、拆卸施工起重机械和整体提升脚手架、模板等自升式架设设施，应当编制拆装方案、制定安全施工措施，并由专业技术人员现场监督。

施工起重机械和整体提升脚手架、模板等自升式架设设施安装完毕后，安装单位应当自检，出具自检合格证明，并向施工单位进行安全使用说明，办理验收手续并签字。

第十八条　施工起重机械和整体提升脚手架、模板等自升式架设设施的使用达到国家规定的检验检测期限的，必须经具有专业资质的检验检测机构检测。经检测不合格的，不得继续使用。

第十九条　检验检测机构对检测合格的施工起重机械和整体提升脚手架、模板等自升式架设设施，应当出具安全合格证明文件，并对检测结果负责。

第四章　施工单位的安全责任

第二十条　施工单位从事建设工程的新建、扩建、改建和拆除等活动，应当具备国家规定的注册资本、专业技术人员、技术装备和安全生产等条件，依法取得相应等级的资质证书，并在其资质等级许可的范围内承揽工程。

第二十一条　施工单位主要负责人依法对本单位的安全生产工作全面负责。施工单位应当建立健全安全生产责任制度和安全生产教育培训制度，制定安全生产规章制度和操作规程，保证本单位安全生产条件所需资金的投入，对所承担的建设工程进行定期和专项安全检查，并做好安全检查记录。

施工单位的项目负责人应当由取得相应执业资格的人员担任，对建设工程项目的安全施工负责，落实安全生产责任制度、安全生产规章制度和操作规程，确保安全生产费用的有效使用，并根据工程的特点组织制定安全施工措施，消除安全事故隐患，及时、如实报告生产安全事故。

第二十二条　施工单位对列入建设工程概算的安全作业环境及安全施工措施所需费用，应当用于施工安全防护用具及设施的采购和更新、安全施工措施的落实、安全生产条件的改善，不得挪作他用。

第二十三条　施工单位应当设立安全生产管理机构，配备专职安全生产管理人员。

专职安全生产管理人员负责对安全生产进行现场监督检查。发现安全事故隐患，应当及时向项目负责人和安全生产管理机构报告；对违章指挥、违章操作的，应当立即制止。

专职安全生产管理人员的配备办法由国务院建设行政主管部门会同国务院其他有关部门制定。

第二十四条 建设工程实行施工总承包的，由总承包单位对施工现场的安全生产负总责。

总承包单位应当自行完成建设工程主体结构的施工。

总承包单位依法将建设工程分包给其他单位的，分包合同中应当明确各自的安全生产方面的权利、义务。总承包单位和分包单位对分包工程的安全生产承担连带责任。

分包单位应当服从总承包单位的安全生产管理，分包单位不服从管理导致生产安全事故的，由分包单位承担主要责任。

第二十五条 垂直运输机械作业人员、安装拆卸工、爆破作业人员、起重信号工、登高架设作业人员等特种作业人员，必须按照国家有关规定经过专门的安全作业培训，并取得特种作业操作资格证书后，方可上岗作业。

第二十六条 施工单位应当在施工组织设计中编制安全技术措施和施工现场临时用电方案，对下列达到一定规模的危险性较大的分部分项工程编制专项施工方案，并附具安全验算结果，经施工单位技术负责人、总监理工程师签字后实施，由专职安全生产管理人员进行现场监督：

（一）基坑支护与降水工程；

（二）土方开挖工程；

（三）模板工程；

（四）起重吊装工程；

（五）脚手架工程；

（六）拆除、爆破工程；

（七）国务院建设行政主管部门或者其他有关部门规定的其他危险性较大的工程。

对前款所列工程中涉及深基坑、地下暗挖工程、高大模板工程的专项施工方案，施工单位还应当组织专家进行论证、审查。

本条第一款规定的达到一定规模的危险性较大工程的标准，由国务院建设行政主管部门会同国务院其他有关部门制定。

第二十七条　建设工程施工前，施工单位负责项目管理的技术人员应当对有关安全施工的技术要求向施工作业班组、作业人员作出详细说明，并由双方签字确认。

第二十八条　施工单位应当在施工现场入口处、施工起重机械、临时用电设施、脚手架、出入通道口、楼梯口、电梯井口、孔洞口、桥梁口、隧道口、基坑边沿、爆破物及有害危险气体和液体存放处等危险部位，设置明显的安全警示标志。安全警示标志必须符合国家标准。

施工单位应当根据不同施工阶段和周围环境及季节、气候的变化，在施工现场采取相应的安全施工措施。施工现场暂时停止施工的，施工单位应当做好现场防护，所需费用由责任方承担，或者按照合同约定执行。

第二十九条　施工单位应当将施工现场的办公、生活区与作业区分开设置，并保持安全距离；办公、生活区的选址应当符合安全性要求。职工的膳食、饮水、休息场所等应当符合卫生标准。施工单位不得在尚未竣工的建筑物内设置员工集体宿舍。

施工现场临时搭建的建筑物应当符合安全使用要求。施工现场使用的装配式活动房屋应当具有产品合格证。

第三十条　施工单位对因建设工程施工可能造成损害的毗邻建筑物、构筑物和地下管线等，应当采取专项防护措施。

施工单位应当遵守有关环境保护法律、法规的规定，在施工现场采取措施，防止或者减少粉尘、废气、废水、固体废物、噪声、振动和施工照明对人和环境的危害和污染。

在城市市区内的建设工程，施工单位应当对施工现场实行封闭围挡。

第三十一条　施工单位应当在施工现场建立消防安全责任制度，确定消防安全责任人，制定用火、用电、使用易燃易爆材料等各项消防安全管理制度和操作规程，设置消防通道、消防水源，配备消防设施和灭火器材，并在施工现场入口处设置明显标志。

第三十二条　施工单位应当向作业人员提供安全防护用具和安全防护服装，并书面告知危险岗位的操作规程和违章操作的危害。

作业人员有权对施工现场的作业条件、作业程序和作业方式中存在的安全问题提出批评、检举和控告，有权拒绝违章指挥和强令冒险作业。

在施工中发生危及人身安全的紧急情况时，作业人员有权立即停止作业或者在采取必要的应急措施后撤离危险区域。

第三十三条　作业人员应当遵守安全施工的强制性标准、规章制度和操作规程，正确使用安全防护用具、机械设备等。

第三十四条　施工单位采购、租赁的安全防护用具、机械设备、施工机具及配件，应当具有生产（制造）许可证、产品合格证，并在进入施工现场前进行查验。

施工现场的安全防护用具、机械设备、施工机具及配件必须由专人管理，定期进行检查、维修和保养，建立相应的资料档案，并按照国家有关规定及时报废。

第三十五条　施工单位在使用施工起重机械和整体提升脚手架、模板等自升式架设设施前，应当组织有关单位进行验收，也可以委托具有相应资质的检验检测机构进行验收；使用承租的机械设备和施工机具及配件的，由施工总承包单位、分包单位、出租单位和安装单位共同进行验收。验收合格的方可使用。

《特种设备安全监察条例》规定的施工起重机械，在验收前应当经有相应资质的检验检测机构监督检验合格。

施工单位应当自施工起重机械和整体提升脚手架、模板等自升式架设设施验收合格之日起 30 日内，向建设行政主管部门或者其他有关部门登记。登记标志应当置于或者附着于该设备的显著位置。

第三十六条　施工单位的主要负责人、项目负责人、专职安全生产管理人员应当经建设行政主管部门或者其他有关部门考核合格后方可任职。

施工单位应当对管理人员和作业人员每年至少进行一次安全生产教育培训，其教育培训情况记入个人工作档案。安全生产教育培训考核不合格的人员，不得上岗。

第三十七条　作业人员进入新的岗位或者新的施工现场前，应当接受安全生产教育培训。未经教育培训或者教育培训考核不合格的人员，不得上岗作业。

施工单位在采用新技术、新工艺、新设备、新材料时，应当对作业人员进行相应的安全生产教育培训。

第三十八条　施工单位应当为施工现场从事危险作业的人员办理意外伤害保险。

意外伤害保险费由施工单位支付。实行施工总承包的，由总承包单位支付意外伤害保险费。意外伤害保险期限自建设工程开工之日起至竣工验收合格止。

第五章　监督管理

第三十九条　国务院负责安全生产监督管理的部门依照《中华人民共和国安全生产法》的规定，对全国建设工程安全生产工作实施综合监督管理。

县级以上地方人民政府负责安全生产监督管理的部门依照《中华人民共和国安全生产法》的规定，对本行政区域内建设工程安全生产工作实施综合监督管理。

第四十条　国务院建设行政主管部门对全国的建设工程安全生产实施监督管理。国务院铁路、交通、水利等有关部门按照国务院规定的职责分工，负责有关专业建设工程安全生产的监督管理。

县级以上地方人民政府建设行政主管部门对本行政区域内的建设工程安全生产实施监督管理。县级以上地方人民政府交通、水利等有关部门在各自的职责范围内，负责本行政区域内的专业建设工程安全生产的监督管理。

第四十一条　建设行政主管部门和其他有关部门应当将本条例第十条、

第十一条规定的有关资料的主要内容抄送同级负责安全生产监督管理的部门。

第四十二条 建设行政主管部门在审核发放施工许可证时，应当对建设工程是否有安全施工措施进行审查，对没有安全施工措施的，不得颁发施工许可证。

建设行政主管部门或者其他有关部门对建设工程是否有安全施工措施进行审查时，不得收取费用。

第四十三条 县级以上人民政府负有建设工程安全生产监督管理职责的部门在各自的职责范围内履行安全监督检查职责时，有权采取下列措施：

（一）要求被检查单位提供有关建设工程安全生产的文件和资料；

（二）进入被检查单位施工现场进行检查；

（三）纠正施工中违反安全生产要求的行为；

（四）对检查中发现的安全事故隐患，责令立即排除；重大安全事故隐患排除前或者排除过程中无法保证安全的，责令从危险区域内撤出作业人员或者暂时停止施工。

第四十四条 建设行政主管部门或者其他有关部门可以将施工现场的监督检查委托给建设工程安全监督机构具体实施。

第四十五条 国家对严重危及施工安全的工艺、设备、材料实行淘汰制度。具体目录由国务院建设行政主管部门会同国务院其他有关部门制定并公布。

第四十六条 县级以上人民政府建设行政主管部门和其他有关部门应当及时受理对建设工程生产安全事故及安全事故隐患的检举、控告和投诉。

第六章　生产安全事故的应急救援和调查处理

第四十七条 县级以上地方人民政府建设行政主管部门应当根据本级人民政府的要求，制定本行政区域内建设工程特大生产安全事故应急救援预案。

第四十八条 施工单位应当制定本单位生产安全事故应急救援预案，建立应急救援组织或者配备应急救援人员，配备必要的应急救援器材、设备，并定期组织演练。

第四十九条 施工单位应当根据建设工程施工的特点、范围，对施工现场易发生重大事故的部位、环节进行监控，制定施工现场生产安全事故应急救援预案。实行施工总承包的，由总承包单位统一组织编制建设工程生产安全事故应急救援预案，工程总承包单位和分包单位按照应急救援预案，各自建立应急救援组织或者配备应急救援人员，配备救援器材、设备，并定期组织演练。

第五十条 施工单位发生生产安全事故，应当按照国家有关伤亡事故报告和调查处理的规定，及时、如实地向负责安全生产监督管理的部门、建设行政主管部门或者其他有关部门报告；特种设备发生事故的，还应当同时向特种设备安全监督管理部门报告。接到报告的部门应当按照国家有关规定，如实上报。

实行施工总承包的建设工程，由总承包单位负责上报事故。

第五十一条 发生生产安全事故后，施工单位应当采取措施防止事故扩大，保护事故现场。需要移动现场物品时，应当做出标记和书面记录，妥善保管有关证物。

第五十二条 建设工程生产安全事故的调查、对事故责任单位和责任人的处罚与处理，按照有关法律、法规的规定执行。

第七章 法律责任

第五十三条 违反本条例的规定，县级以上人民政府建设行政主管部门或者其他有关行政管理部门的工作人员，有下列行为之一的，给予降级或者撤职的行政处分；构成犯罪的，依照刑法有关规定追究刑事责任：

（一）对不具备安全生产条件的施工单位颁发资质证书的；

（二）对没有安全施工措施的建设工程颁发施工许可证的；

（三）发现违法行为不予查处的；

（四）不依法履行监督管理职责的其他行为。

第五十四条　违反本条例的规定，建设单位未提供建设工程安全生产作业环境及安全施工措施所需费用的，责令限期改正；逾期未改正的，责令该建设工程停止施工。

建设单位未将保证安全施工的措施或者拆除工程的有关资料报送有关部门备案的，责令限期改正，给予警告。

第五十五条　违反本条例的规定，建设单位有下列行为之一的，责令限期改正，处20万元以上50万元以下的罚款；造成重大安全事故，构成犯罪的，对直接责任人员，依照刑法有关规定追究刑事责任；造成损失的，依法承担赔偿责任：

（一）对勘察、设计、施工、工程监理等单位提出不符合安全生产法律、法规和强制性标准规定的要求的；

（二）要求施工单位压缩合同约定的工期的；

（三）将拆除工程发包给不具有相应资质等级的施工单位的。

第五十六条　违反本条例的规定，勘察单位、设计单位有下列行为之一的，责令限期改正，处10万元以上30万元以下的罚款；情节严重的，责令停业整顿，降低资质等级，直至吊销资质证书；造成重大安全事故，构成犯罪的，对直接责任人员，依照刑法有关规定追究刑事责任；造成损失的，依法承担赔偿责任：

（一）未按照法律、法规和工程建设强制性标准进行勘察、设计的；

（二）采用新结构、新材料、新工艺的建设工程和特殊结构的建设工程，设计单位未在设计中提出保障施工作业人员安全和预防生产安全事故的措施建议的。

第五十七条　违反本条例的规定，工程监理单位有下列行为之一的，责令限期改正；逾期未改正的，责令停业整顿，并处10万元以上30万元以下的罚款；情节严重的，降低资质等级，直至吊销资质证书；造成重大安全事故，构成犯罪的，对直接责任人员，依照刑法有关规定追究刑事责任；造成损失的，依法承担赔偿责任：

（一）未对施工组织设计中的安全技术措施或者专项施工方案进行审查

的；

（二）发现安全事故隐患未及时要求施工单位整改或者暂时停止施工的；

（三）施工单位拒不整改或者不停止施工，未及时向有关主管部门报告的；

（四）未依照法律、法规和工程建设强制性标准实施监理的。

第五十八条 注册执业人员未执行法律、法规和工程建设强制性标准的，责令停止执业 3 个月以上 1 年以下；情节严重的，吊销执业资格证书，5 年内不予注册；造成重大安全事故的，终身不予注册；构成犯罪的，依照刑法有关规定追究刑事责任。

第五十九条 违反本条例的规定，为建设工程提供机械设备和配件的单位，未按照安全施工的要求配备齐全有效的保险、限位等安全设施和装置的，责令限期改正，处合同价款 1 倍以上 3 倍以下的罚款；造成损失的，依法承担赔偿责任。

第六十条 违反本条例的规定，出租单位出租未经安全性能检测或者经检测不合格的机械设备和施工机具及配件的，责令停业整顿，并处 5 万元以上 10 万元以下的罚款；造成损失的，依法承担赔偿责任。

第六十一条 违反本条例的规定，施工起重机械和整体提升脚手架、模板等自升式架设设施安装、拆卸单位有下列行为之一的，责令限期改正，处 5 万元以上 10 万元以下的罚款；情节严重的，责令停业整顿，降低资质等级，直至吊销资质证书；造成损失的，依法承担赔偿责任：

（一）未编制拆装方案、制定安全施工措施的；

（二）未由专业技术人员现场监督的；

（三）未出具自检合格证明或者出具虚假证明的；

（四）未向施工单位进行安全使用说明，办理移交手续的。

施工起重机械和整体提升脚手架、模板等自升式架设设施安装、拆卸单位有前款规定的第（一）项、第（三）项行为，经有关部门或者单位职工提出后，对事故隐患仍不采取措施，因而发生重大伤亡事故或者造成其他严重后果，构成犯罪的，对直接责任人员，依照刑法有关规定追究刑事责任。

第六十二条　违反本条例的规定，施工单位有下列行为之一的，责令限期改正；逾期未改正的，责令停业整顿，依照《中华人民共和国安全生产法》的有关规定处以罚款；造成重大安全事故，构成犯罪的，对直接责任人员，依照刑法有关规定追究刑事责任：

（一）未设立安全生产管理机构、配备专职安全生产管理人员或者分部分项工程施工时无专职安全生产管理人员现场监督的；

（二）施工单位的主要负责人、项目负责人、专职安全生产管理人员、作业人员或者特种作业人员，未经安全教育培训或者经考核不合格即从事相关工作的；

（三）未在施工现场的危险部位设置明显的安全警示标志，或者未按照国家有关规定在施工现场设置消防通道、消防水源、配备消防设施和灭火器材的；

（四）未向作业人员提供安全防护用具和安全防护服装的；

（五）未按照规定在施工起重机械和整体提升脚手架、模板等自升式架设设施验收合格后登记的；

（六）使用国家明令淘汰、禁止使用的危及施工安全的工艺、设备、材料的。

第六十三条　违反本条例的规定，施工单位挪用列入建设工程概算的安全生产作业环境及安全施工措施所需费用的，责令限期改正，处挪用费用20%以上50%以下的罚款；造成损失的，依法承担赔偿责任。

第六十四条　违反本条例的规定，施工单位有下列行为之一的，责令限期改正；逾期未改正的，责令停业整顿，并处5万元以上10万元以下的罚款；造成重大安全事故，构成犯罪的，对直接责任人员，依照刑法有关规定追究刑事责任：

（一）施工前未对有关安全施工的技术要求作出详细说明的；

（二）未根据不同施工阶段和周围环境及季节、气候的变化，在施工现场采取相应的安全施工措施，或者在城市市区内的建设工程的施工现场未实行封闭围挡的；

（三）在尚未竣工的建筑物内设置员工集体宿舍的；

（四）施工现场临时搭建的建筑物不符合安全使用要求的；

（五）未对因建设工程施工可能造成损害的毗邻建筑物、构筑物和地下管线等采取专项防护措施的。

施工单位有前款规定第（四）项、第（五）项行为，造成损失的，依法承担赔偿责任。

第六十五条　违反本条例的规定，施工单位有下列行为之一的，责令限期改正；逾期未改正的，责令停业整顿，并处 10 万元以上 30 万元以下的罚款；情节严重的，降低资质等级，直至吊销资质证书；造成重大安全事故，构成犯罪的，对直接责任人员，依照刑法有关规定追究刑事责任；造成损失的，依法承担赔偿责任：

（一）安全防护用具、机械设备、施工机具及配件在进入施工现场前未经查验或者查验不合格即投入使用的；

（二）使用未经验收或者验收不合格的施工起重机械和整体提升脚手架、模板等自升式架设设施的；

（三）委托不具有相应资质的单位承担施工现场安装、拆卸施工起重机械和整体提升脚手架、模板等自升式架设设施的；

（四）在施工组织设计中未编制安全技术措施、施工现场临时用电方案或者专项施工方案的。

第六十六条　违反本条例的规定，施工单位的主要负责人、项目负责人未履行安全生产管理职责的，责令限期改正；逾期未改正的，责令施工单位停业整顿；造成重大安全事故、重大伤亡事故或者其他严重后果，构成犯罪的，依照刑法有关规定追究刑事责任。

作业人员不服管理、违反规章制度和操作规程冒险作业造成重大伤亡事故或者其他严重后果，构成犯罪的，依照刑法有关规定追究刑事责任。

施工单位的主要负责人、项目负责人有前款违法行为，尚不够刑事处罚的，处 2 万元以上 20 万元以下的罚款或者按照管理权限给予撤职处分；自刑罚执行完毕或者受处分之日起，5年内不得担任任何施工单位的主要负责人、项目负责人。

第六十七条　施工单位取得资质证书后，降低安全生产条件的，责令限期改正；经整改仍未达到与其资质等级相适应的安全生产条件的，责令停业整顿，降低其资质等级直至吊销资质证书。

第六十八条　本条例规定的行政处罚，由建设行政主管部门或者其他有关部门依照法定职权决定。

违反消防安全管理规定的行为，由公安消防机构依法处罚。

有关法律、行政法规对建设工程安全生产违法行为的行政处罚决定机关另有规定的，从其规定。

第八章　附　则

第六十九条　抢险救灾和农民自建低层住宅的安全生产管理，不适用本条例。

第七十条　军事建设工程的安全生产管理，按照中央军事委员会的有关规定执行。

第七十一条　本条例自 2004 年 2 月 1 日起施行。

生产安全事故报告和调查处理条例

（2007 年 3 月 28 日国务院第 172 次常务会议通过，中华人民共和国国务院令第 493 号公布　自 2007 年 6 月 1 日起施行）

第一章　总　则

第一条　为了规范生产安全事故的报告和调查处理，落实生产安全事故责任追究制度，防止和减少生产安全事故，根据《中华人民共和国安全生产法》和有关法律，制定本条例。

第二条　生产经营活动中发生的造成人身伤亡或者直接经济损失的生产安全事故的报告和调查处理，适用本条例；环境污染事故、核设施事故、国防科研生产事故的报告和调查处理不适用本条例。

第三条　根据生产安全事故（以下简称事故）造成的人员伤亡或者直接经济损失，事故一般分为以下等级：

（一）特别重大事故，是指造成 30 人以上死亡，或者 100 人以上重伤（包括急性工业中毒，下同），或者 1 亿元以上直接经济损失的事故；

（二）重大事故，是指造成 10 人以上 30 人以下死亡，或者 50 人以上 100 人以下重伤，或者 5000 万元以上 1 亿元以下直接经济损失的事故；

（三）较大事故，是指造成 3 人以上 10 人以下死亡，或者 10 人以上 50 人以下重伤，或者 1 000 万元以上 5 000 万元以下直接经济损失的事故；

（四）一般事故，是指造成 3 人以下死亡，或者 10 人以下重伤，或者 1 000 万元以下直接经济损失的事故。

国务院安全生产监督管理部门可以会同国务院有关部门，制定事故等级划分的补充性规定。

本条第一款所称的"以上"包括本数，所称的"以下"不包括本数。

第四条　事故报告应当及时、准确、完整，任何单位和个人对事故不得迟报、漏报、谎报或者瞒报。

事故调查处理应当坚持实事求是、尊重科学的原则，及时、准确地查清事故经过、事故原因和事故损失，查明事故性质，认定事故责任，总结事故教训，提出整改措施，并对事故责任者依法追究责任。

第五条　县级以上人民政府应当依照本条例的规定，严格履行职责，及时、准确地完成事故调查处理工作。

事故发生地有关地方人民政府应当支持、配合上级人民政府或者有关部门的事故调查处理工作，并提供必要的便利条件。

参加事故调查处理的部门和单位应当互相配合，提高事故调查处理工作的效率。

第六条　工会依法参加事故调查处理，有权向有关部门提出处理意见。

第七条　任何单位和个人不得阻挠和干涉对事故的报告和依法调查处理。

第八条　对事故报告和调查处理中的违法行为，任何单位和个人有权向安全生产监督管理部门、监察机关或者其他有关部门举报，接到举报的部门应当依法及时处理。

第二章　事故报告

第九条　事故发生后，事故现场有关人员应当立即向本单位负责人报告；单位负责人接到报告后，应当于1小时内向事故发生地县级以上人民政府安全生产监督管理部门和负有安全生产监督管理职责的有关部门报告。

情况紧急时，事故现场有关人员可以直接向事故发生地县级以上人民政府安全生产监督管理部门和负有安全生产监督管理职责的有关部门报告。

第十条　安全生产监督管理部门和负有安全生产监督管理职责的有关部门接到事故报告后，应当依照下列规定上报事故情况，并通知公安机关、劳动保障行政部门、工会和人民检察院：

（一）特别重大事故、重大事故逐级上报至国务院安全生产监督管理部门和负有安全生产监督管理职责的有关部门；

（二）较大事故逐级上报至省、自治区、直辖市人民政府安全生产监督管理部门和负有安全生产监督管理职责的有关部门；

（三）一般事故上报至设区的市级人民政府安全生产监督管理部门和负有安全生产监督管理职责的有关部门。

安全生产监督管理部门和负有安全生产监督管理职责的有关部门依照前款规定上报事故情况，应当同时报告本级人民政府。国务院安全生产监督管理部门和负有安全生产监督管理职责的有关部门以及省级人民政府接到发生特别重大事故、重大事故的报告后，应当立即报告国务院。

必要时，安全生产监督管理部门和负有安全生产监督管理职责的有关部门可以越级上报事故情况。

第十一条 安全生产监督管理部门和负有安全生产监督管理职责的有关部门逐级上报事故情况，每级上报的时间不得超过 2 小时。

第十二条 报告事故应当包括下列内容：

（一）事故发生单位概况；

（二）事故发生的时间、地点以及事故现场情况；

（三）事故的简要经过；

（四）事故已经造成或者可能造成的伤亡人数（包括下落不明的人数）和初步估计的直接经济损失；

（五）已经采取的措施；

（六）其他应当报告的情况。

第十三条 事故报告后出现新情况的，应当及时补报。

自事故发生之日起 30 日内，事故造成的伤亡人数发生变化的，应当及时补报。道路交通事故、火灾事故自发生之日起 7 日内，事故造成的伤亡人数发生变化的，应当及时补报。

第十四条 事故发生单位负责人接到事故报告后，应当立即启动事故相应应急预案，或者采取有效措施，组织抢救，防止事故扩大，减少人员伤亡和财产损失。

第十五条 事故发生地有关地方人民政府、安全生产监督管理部门和负有安全生产监督管理职责的有关部门接到事故报告后，其负责人应当立即赶赴事故现场，组织事故救援。

第十六条　事故发生后，有关单位和人员应当妥善保护事故现场以及相关证据，任何单位和个人不得破坏事故现场、毁灭相关证据。

因抢救人员、防止事故扩大以及疏通交通等原因，需要移动事故现场物件的，应当做出标志，绘制现场简图并做出书面记录，妥善保存现场重要痕迹、物证。

第十七条　事故发生地公安机关根据事故的情况，对涉嫌犯罪的，应当依法立案侦查，采取强制措施和侦查措施。犯罪嫌疑人逃匿的，公安机关应当迅速追捕归案。

第十八条　安全生产监督管理部门和负有安全生产监督管理职责的有关部门应当建立值班制度，并向社会公布值班电话，受理事故报告和举报。

第三章　事故调查

第十九条　特别重大事故由国务院或者国务院授权有关部门组织事故调查组进行调查。

重大事故、较大事故、一般事故分别由事故发生地省级人民政府、设区的市级人民政府、县级人民政府负责调查。省级人民政府、设区的市级人民政府、县级人民政府可以直接组织事故调查组进行调查，也可以授权或者委托有关部门组织事故调查组进行调查。

未造成人员伤亡的一般事故，县级人民政府也可以委托事故发生单位组织事故调查组进行调查。

第二十条　上级人民政府认为必要时，可以调查由下级人民政府负责调查的事故。

自事故发生之日起30日内（道路交通事故、火灾事故自发生之日起7日内），因事故伤亡人数变化导致事故等级发生变化，依照本条例规定应当由上级人民政府负责调查的，上级人民政府可以另行组织事故调查组进行调查。

第二十一条　特别重大事故以下等级事故，事故发生地与事故发生单位不在同一个县级以上行政区域的，由事故发生地人民政府负责调查，事故发生单位所在地人民政府应当派人参加。

第二十二条　事故调查组的组成应当遵循精简、效能的原则。

根据事故的具体情况，事故调查组由有关人民政府、安全生产监督管理部门、负有安全生产监督管理职责的有关部门、监察机关、公安机关以及工会派人组成，并应当邀请人民检察院派人参加。

事故调查组可以聘请有关专家参与调查。

第二十三条　事故调查组成员应当具有事故调查所需要的知识和专长，并与所调查的事故没有直接利害关系。

第二十四条　事故调查组组长由负责事故调查的人民政府指定。事故调查组组长主持事故调查组的工作。

第二十五条　事故调查组履行下列职责：

（一）查明事故发生的经过、原因、人员伤亡情况及直接经济损失；

（二）认定事故的性质和事故责任；

（三）提出对事故责任者的处理建议；

（四）总结事故教训，提出防范和整改措施；

（五）提交事故调查报告。

第二十六条　事故调查组有权向有关单位和个人了解与事故有关的情况，并要求其提供相关文件、资料，有关单位和个人不得拒绝。

事故发生单位的负责人和有关人员在事故调查期间不得擅离职守，并应当随时接受事故调查组的询问，如实提供有关情况。

事故调查中发现涉嫌犯罪的，事故调查组应当及时将有关材料或者其复印件移交司法机关处理。

第二十七条　事故调查中需要进行技术鉴定的，事故调查组应当委托具有国家规定资质的单位进行技术鉴定。必要时，事故调查组可以直接组织专家进行技术鉴定。技术鉴定所需时间不计入事故调查期限。

第二十八条　事故调查组成员在事故调查工作中应当诚信公正、恪尽职守，遵守事故调查组的纪律，保守事故调查的秘密。

未经事故调查组组长允许，事故调查组成员不得擅自发布有关事故的信息。

第二十九条 事故调查组应当自事故发生之日起60日内提交事故调查报告；特殊情况下，经负责事故调查的人民政府批准，提交事故调查报告的期限可以适当延长，但延长的期限最长不超过60日。

第三十条 事故调查报告应当包括下列内容：

（一）事故发生单位概况；

（二）事故发生经过和事故救援情况；

（三）事故造成的人员伤亡和直接经济损失；

（四）事故发生的原因和事故性质；

（五）事故责任的认定以及对事故责任者的处理建议；

（六）事故防范和整改措施。

事故调查报告应当附具有关证据材料。事故调查组成员应当在事故调查报告上签名。

第三十一条 事故调查报告报送负责事故调查的人民政府后，事故调查工作即告结束。事故调查的有关资料应当归档保存。

第四章　事故处理

第三十二条 重大事故、较大事故、一般事故，负责事故调查的人民政府应当自收到事故调查报告之日起15日内做出批复；特别重大事故，30日内做出批复，特殊情况下，批复时间可以适当延长，但延长的时间最长不超过30日。

有关机关应当按照人民政府的批复，依照法律、行政法规规定的权限和程序，对事故发生单位和有关人员进行行政处罚，对负有事故责任的国家工作人员进行处分。

事故发生单位应当按照负责事故调查的人民政府的批复，对本单位负有事故责任的人员进行处理。

负有事故责任的人员涉嫌犯罪的，依法追究刑事责任。

第三十三条 事故发生单位应当认真吸取事故教训，落实防范和整改措施，防止事故再次发生。防范和整改措施的落实情况应当接受工会和职工的监督。

安全生产监督管理部门和负有安全生产监督管理职责的有关部门应当对事故发生单位落实防范和整改措施的情况进行监督检查。

第三十四条 事故处理的情况由负责事故调查的人民政府或者其授权的有关部门、机构向社会公布，依法应当保密的除外。

第五章　法律责任

第三十五条 事故发生单位主要负责人有下列行为之一的，处上一年年收入40%至80%的罚款；属于国家工作人员的，并依法给予处分；构成犯罪的，依法追究刑事责任：

（一）不立即组织事故抢救的；

（二）迟报或者漏报事故的；

（三）在事故调查处理期间擅离职守的。

第三十六条 事故发生单位及其有关人员有下列行为之一的，对事故发生单位处100万元以上500万元以下的罚款；对主要负责人、直接负责的主管人员和其他直接责任人员处上一年年收入60%至100%的罚款；属于国家工作人员的，并依法给予处分；构成违反治安管理行为的，由公安机关依法给予治安管理处罚；构成犯罪的，依法追究刑事责任：

（一）谎报或者瞒报事故的；

（二）伪造或者故意破坏事故现场的；

（三）转移、隐匿资金、财产，或者销毁有关证据、资料的；

（四）拒绝接受调查或者拒绝提供有关情况和资料的；

（五）在事故调查中作伪证或者指使他人作伪证的；

（六）事故发生后逃匿的。

第三十七条 事故发生单位对事故发生负有责任的，依照下列规定处以罚款：

（一）发生一般事故的，处 10 万元以上 20 万元以下的罚款；

（二）发生较大事故的，处 20 万元以上 50 万元以下的罚款；

（三）发生重大事故的，处 50 万元以上 200 万元以下的罚款；

（四）发生特别重大事故的，处 200 万元以上 500 万元以下的罚款。

第三十八条　事故发生单位主要负责人未依法履行安全生产管理职责，导致事故发生的，依照下列规定处以罚款；属于国家工作人员的，并依法给予处分；构成犯罪的，依法追究刑事责任：

（一）发生一般事故的，处上一年年收入 30% 的罚款；

（二）发生较大事故的，处上一年年收入 40% 的罚款；

（三）发生重大事故的，处上一年年收入 60% 的罚款；

（四）发生特别重大事故的，处上一年年收入 80% 的罚款。

第三十九条　有关地方人民政府、安全生产监督管理部门和负有安全生产监督管理职责的有关部门有下列行为之一的，对直接负责的主管人员和其他直接责任人员依法给予处分；构成犯罪的，依法追究刑事责任：

（一）不立即组织事故抢救的；

（二）迟报、漏报、谎报或者瞒报事故的；

（三）阻碍、干涉事故调查工作的；

（四）在事故调查中作伪证或者指使他人作伪证的。

第四十条　事故发生单位对事故发生负有责任的，由有关部门依法暂扣或者吊销其有关证照；对事故发生单位负有事故责任的有关人员，依法暂停或者撤销其与安全生产有关的执业资格、岗位证书；事故发生单位主要负责人受到刑事处罚或者撤职处分的，自刑罚执行完毕或者受处分之日起，5 年内不得担任任何生产经营单位的主要负责人。

为发生事故的单位提供虚假证明的中介机构，由有关部门依法暂扣或者吊销其有关证照及其相关人员的执业资格；构成犯罪的，依法追究刑事责任。

第四十一条　参与事故调查的人员在事故调查中有下列行为之一的，依法给予处分；构成犯罪的，依法追究刑事责任：

（一）对事故调查工作不负责任，致使事故调查工作有重大疏漏的；

（二）包庇、袒护负有事故责任的人员或者借机打击报复的。

第四十二条　违反本条例规定，有关地方人民政府或者有关部门故意拖延或者拒绝落实经批复的对事故责任人的处理意见的，由监察机关对有关责任人员依法给予处分。

第四十三条　本条例规定的罚款的行政处罚，由安全生产监督管理部门决定。

法律、行政法规对行政处罚的种类、幅度和决定机关另有规定的，依照其规定。

第六章　附　则

第四十四条　没有造成人员伤亡，但是社会影响恶劣的事故，国务院或者有关地方人民政府认为需要调查处理的，依照本条例的有关规定执行。

国家机关、事业单位、人民团体发生的事故的报告和调查处理，参照本条例的规定执行。

第四十五条　特别重大事故以下等级事故的报告和调查处理，有关法律、行政法规或者国务院另有规定的，依照其规定。

第四十六条　本条例自 2007 年 6 月 1 日起施行。国务院 1989 年 3 月 29 日公布的《特别重大事故调查程序暂行规定》和 1991 年 2 月 22 日公布的《企业职工伤亡事故报告和处理规定》同时废止。

特种设备安全监察条例

2003 年 2 月 19 日国务院第 68 次常务会议通过，中华人民共和国国务院令第 373 号公布　自 2003 年 6 月 1 日起施行。

2009 年 1 月 14 日国务院第 46 次常务会议通过《国务院关于修改《特种设备安全监察条例》的决定》，修订版于 2009 年 1 月 24 日由中华人民共和国国务院令第 549 号公布　自 2009 年 5 月 1 日起施行。

第一章　总　则

第一条　为了加强特种设备的安全监察，防止和减少事故，保障人民群众生命和财产安全，促进经济发展，制定本条例。

第二条　本条例所称特种设备是指涉及生命安全、危险性较大的锅炉、压力容器（含气瓶，下同）、压力管道、电梯、起重机械、客运索道、大型游乐设施和场（厂）内专用机动车辆。

前款特种设备的目录由国务院负责特种设备安全监督管理的部门（以下简称国务院特种设备安全监督管理部门）制订，报国务院批准后执行。

第三条　特种设备的生产（含设计、制造、安装、改造、维修，下同）、使用、检验检测及其监督检查，应当遵守本条例，但本条例另有规定的除外。

军事装备、核设施、航空航天器、铁路机车、海上设施和船舶以及矿山井下使用的特种设备、民用机场专用设备的安全监察不适用本条例。

房屋建筑工地和市政工程工地用起重机械、场（厂）内专用机动车辆的安装、使用的监督管理，由建设行政主管部门依照有关法律、法规的规定执行。

第四条　国务院特种设备安全监督管理部门负责全国特种设备的安全监察工作，县以上地方负责特种设备安全监督管理的部门对本行政区域内特种设备实施安全监察（以下统称特种设备安全监督管理部门）。

第五条　特种设备生产、使用单位应当建立健全特种设备安全、节能管理制度和岗位安全、节能责任制度。

特种设备生产、使用单位的主要负责人应当对本单位特种设备的安全和节能全面负责。

特种设备生产、使用单位和特种设备检验检测机构，应当接受特种设备安全监督管理部门依法进行的特种设备安全监察。

第六条　特种设备检验检测机构，应当依照本条例规定，进行检验检测工作，对其检验检测结果、鉴定结论承担法律责任。

第七条　县级以上地方人民政府应当督促、支持特种设备安全监督管理部门依法履行安全监察职责，对特种设备安全监察中存在的重大问题及时予以协调、解决。

第八条　国家鼓励推行科学的管理方法，采用先进技术，提高特种设备安全性能和管理水平，增强特种设备生产、使用单位防范事故的能力，对取得显著成绩的单位和个人，给予奖励。

国家鼓励特种设备节能技术的研究、开发、示范和推广，促进特种设备节能技术创新和应用。

特种设备生产、使用单位和特种设备检验检测机构，应当保证必要的安全和节能投入。

国家鼓励实行特种设备责任保险制度，提高事故赔付能力。

第九条　任何单位和个人对违反本条例规定的行为，有权向特种设备安全监督管理部门和行政监察等有关部门举报。

特种设备安全监督管理部门应当建立特种设备安全监察举报制度，公布举报电话、信箱或者电子邮件地址，受理对特种设备生产、使用和检验检测违法行为的举报，并及时予以处理。

特种设备安全监督管理部门和行政监察等有关部门应当为举报人保密，并按照国家有关规定给予奖励。

第二章　特种设备的生产

第十条　特种设备生产单位，应当依照本条例规定以及国务院特种设备安全监督管理部门制订并公布的安全技术规范（以下简称安全技术规范）的要求，进行生产活动。

特种设备生产单位对其生产的特种设备的安全性能和能效指标负责，不得生产不符合安全性能要求和能效指标的特种设备，不得生产国家产业政策明令淘汰的特种设备。

第十一条　压力容器的设计单位应当经国务院特种设备安全监督管理部门许可，方可从事压力容器的设计活动。

压力容器的设计单位应当具备下列条件：

（一）有与压力容器设计相适应的设计人员、设计审核人员；

（二）有与压力容器设计相适应的场所和设备；

（三）有与压力容器设计相适应的健全的管理制度和责任制度。

第十二条　锅炉、压力容器中的气瓶（以下简称气瓶）、氧舱和客运索道、大型游乐设施以及高耗能特种设备的设计文件，应当经国务院特种设备安全监督管理部门核准的检验检测机构鉴定，方可用于制造。

第十三条　按照安全技术规范的要求，应当进行型式试验的特种设备产品、部件或者试制特种设备新产品、新部件、新材料，必须进行型式试验和能效测试。

第十四条　锅炉、压力容器、电梯、起重机械、客运索道、大型游乐设施及其安全附件、安全保护装置的制造、安装、改造单位，以及压力管道用管子、管件、阀门、法兰、补偿器、安全保护装置等（以下简称压力管道元件）的制造单位和场（厂）内专用机动车辆的制造、改造单位，应当经国务院特种设备安全监督管理部门许可，方可从事相应的活动。

前款特种设备的制造、安装、改造单位应当具备下列条件：

（一）有与特种设备制造、安装、改造相适应的专业技术人员和技术工人；

（二）有与特种设备制造、安装、改造相适应的生产条件和检测手段；

（三）有健全的质量管理制度和责任制度。

第十五条 特种设备出厂时，应当附有安全技术规范要求的设计文件、产品质量合格证明、安装及使用维修说明、监督检验证明等文件。

第十六条 锅炉、压力容器、电梯、起重机械、客运索道、大型游乐设施、场（厂）内专用机动车辆的维修单位，应当有与特种设备维修相适应的专业技术人员和技术工人以及必要的检测手段，并经省、自治区、直辖市特种设备安全监督管理部门许可，方可从事相应的维修活动。

第十七条 锅炉、压力容器、起重机械、客运索道、大型游乐设施的安装、改造、维修以及场（厂）内专用机动车辆的改造、维修，必须由依照本条例取得许可的单位进行。

电梯的安装、改造、维修，必须由电梯制造单位或者其通过合同委托、同意的依照本条例取得许可的单位进行。电梯制造单位对电梯质量以及安全运行涉及的质量问题负责。

特种设备安装、改造、维修的施工单位应当在施工前将拟进行的特种设备安装、改造、维修情况书面告知直辖市或者设区的市的特种设备安全监督管理部门，告知后即可施工。

第十八条 电梯井道的土建工程必须符合建筑工程质量要求。电梯安装施工过程中，电梯安装单位应当遵守施工现场的安全生产要求，落实现场安全防护措施。电梯安装施工过程中，施工现场的安全生产监督，由有关部门依照有关法律、行政法规的规定执行。

电梯安装施工过程中，电梯安装单位应当服从建筑施工总承包单位对施工现场的安全生产管理，并订立合同，明确各自的安全责任。

第十九条 电梯的制造、安装、改造和维修活动，必须严格遵守安全技术规范的要求。电梯制造单位委托或者同意其他单位进行电梯安装、改造、维修活动的，应当对其安装、改造、维修活动进行安全指导和监控。电梯的安装、改造、维修活动结束后，电梯制造单位应当按照安全技术规范的要求对电梯进行校验和调试，并对校验和调试的结果负责。

第二十条　锅炉、压力容器、电梯、起重机械、客运索道、大型游乐设施的安装、改造、维修以及场（厂）内专用机动车辆的改造、维修竣工后，安装、改造、维修的施工单位应当在验收后30日内将有关技术资料移交使用单位，高耗能特种设备还应当按照安全技术规范的要求提交能效测试报告。使用单位应当将其存入该特种设备的安全技术档案。

第二十一条　锅炉、压力容器、压力管道元件、起重机械、大型游乐设施的制造过程和锅炉、压力容器、电梯、起重机械、客运索道、大型游乐设施的安装、改造、重大维修过程，必须经国务院特种设备安全监督管理部门核准的检验检测机构按照安全技术规范的要求进行监督检验；未经监督检验合格的不得出厂或者交付使用。

第二十二条　移动式压力容器、气瓶充装单位应当经省、自治区、直辖市的特种设备安全监督管理部门许可，方可从事充装活动。

充装单位应当具备下列条件：

（一）有与充装和管理相适应的管理人员和技术人员；

（二）有与充装和管理相适应的充装设备、检测手段、场地厂房、器具、安全设施；

（三）有健全的充装管理制度、责任制度、紧急处理措施。

气瓶充装单位应当向气体使用者提供符合安全技术规范要求的气瓶，对使用者进行气瓶安全使用指导，并按照安全技术规范的要求办理气瓶使用登记，提出气瓶的定期检验要求。

第三章　特种设备的使用

第二十三条　特种设备使用单位，应当严格执行本条例和有关安全生产的法律、行政法规的规定，保证特种设备的安全使用。

第二十四条　特种设备使用单位应当使用符合安全技术规范要求的特种设备。特种设备投入使用前，使用单位应当核对其是否附有本条例第十五条规定的相关文件。

第二十五条　特种设备在投入使用前或者投入使用后30日内，特种设备使用单位应当向直辖市或者设区的市的特种设备安全监督管理部门登记。登记标志应当置于或者附着于该特种设备的显著位置。

第二十六条 特种设备使用单位应当建立特种设备安全技术档案。安全技术档案应当包括以下内容：

（一）特种设备的设计文件、制造单位、产品质量合格证明、使用维护说明等文件以及安装技术文件和资料；

（二）特种设备的定期检验和定期自行检查的记录；

（三）特种设备的日常使用状况记录；

（四）特种设备及其安全附件、安全保护装置、测量调控装置及有关附属仪器仪表的日常维护保养记录；

（五）特种设备运行故障和事故记录；

（六）高耗能特种设备的能效测试报告、能耗状况记录以及节能改造技术资料。

第二十七条 特种设备使用单位应当对在用特种设备进行经常性日常维护保养，并定期自行检查。

特种设备使用单位对在用特种设备应当至少每月进行一次自行检查，并作出记录。特种设备使用单位在对在用特种设备进行自行检查和日常维护保养时发现异常情况的，应当及时处理。

特种设备使用单位应当对在用特种设备的安全附件、安全保护装置、测量调控装置及有关附属仪器仪表进行定期校验、检修，并作出记录。

锅炉使用单位应当按照安全技术规范的要求进行锅炉水（介）质处理，并接受特种设备检验检测机构实施的水（介）质处理定期检验。

从事锅炉清洗的单位，应当按照安全技术规范的要求进行锅炉清洗，并接受特种设备检验检测机构实施的锅炉清洗过程监督检验。

第二十八条 特种设备使用单位应当按照安全技术规范的定期检验要求，在安全检验合格有效期届满前 1 个月向特种设备检验检测机构提出定期检验要求。

检验检测机构接到定期检验要求后，应当按照安全技术规范的要求及时进行安全性能检验和能效测试。

未经定期检验或者检验不合格的特种设备，不得继续使用。

第二十九条 特种设备出现故障或者发生异常情况，使用单位应当对其进行全面检查，消除事故隐患后，方可重新投入使用。

特种设备不符合能效指标的，特种设备使用单位应当采取相应措施进行整改。

第三十条 特种设备存在严重事故隐患，无改造、维修价值，或者超过安全技术规范规定使用年限，特种设备使用单位应当及时予以报废，并应当向原登记的特种设备安全监督管理部门办理注销。

第三十一条 电梯的日常维护保养必须由依照本条例取得许可的安装、改造、维修单位或者电梯制造单位进行。

电梯应当至少每15日进行一次清洁、润滑、调整和检查。

第三十二条 电梯的日常维护保养单位应当在维护保养中严格执行国家安全技术规范的要求，保证其维护保养的电梯的安全技术性能，并负责落实现场安全防护措施，保证施工安全。

电梯的日常维护保养单位，应当对其维护保养的电梯的安全性能负责。接到故障通知后，应当立即赶赴现场，并采取必要的应急救援措施。

第三十三条 电梯、客运索道、大型游乐设施等为公众提供服务的特种设备运营使用单位，应当设置特种设备安全管理机构或者配备专职的安全管理人员；其他特种设备使用单位，应当根据情况设置特种设备安全管理机构或者配备专职、兼职的安全管理人员。

特种设备的安全管理人员应当对特种设备使用状况进行经常性检查，发现问题的应当立即处理；情况紧急时，可以决定停止使用特种设备并及时报告本单位有关负责人。

第三十四条 客运索道、大型游乐设施的运营使用单位在客运索道、大型游乐设施每日投入使用前，应当进行试运行和例行安全检查，并对安全装置进行检查确认。

电梯、客运索道、大型游乐设施的运营使用单位应当将电梯、客运索道、大型游乐设施的安全注意事项和警示标志置于易于为乘客注意的显著位置。

第三十五条　客运索道、大型游乐设施的运营使用单位的主要负责人应当熟悉客运索道、大型游乐设施的相关安全知识，并全面负责客运索道、大型游乐设施的安全使用。

客运索道、大型游乐设施的运营使用单位的主要负责人至少应当每月召开一次会议，督促、检查客运索道、大型游乐设施的安全使用工作。

客运索道、大型游乐设施的运营使用单位，应当结合本单位的实际情况，配备相应数量的营救装备和急救物品。

第三十六条　电梯、客运索道、大型游乐设施的乘客应当遵守使用安全注意事项的要求，服从有关工作人员的指挥。

第三十七条　电梯投入使用后，电梯制造单位应当对其制造的电梯的安全运行情况进行跟踪调查和了解，对电梯的日常维护保养单位或者电梯的使用单位在安全运行方面存在的问题，提出改进建议，并提供必要的技术帮助。发现电梯存在严重事故隐患的，应当及时向特种设备安全监督管理部门报告。电梯制造单位对调查和了解的情况，应当作出记录。

第三十八条　锅炉、压力容器、电梯、起重机械、客运索道、大型游乐设施、场（厂）内专用机动车辆的作业人员及其相关管理人员（以下统称特种设备作业人员），应当按照国家有关规定经特种设备安全监督管理部门考核合格，取得国家统一格式的特种作业人员证书，方可从事相应的作业或者管理工作。

第三十九条　特种设备使用单位应当对特种设备作业人员进行特种设备安全、节能教育和培训，保证特种设备作业人员具备必要的特种设备安全、节能知识。

特种设备作业人员在作业中应当严格执行特种设备的操作规程和有关的安全规章制度。

第四十条　特种设备作业人员在作业过程中发现事故隐患或者其他不安全因素，应当立即向现场安全管理人员和单位有关负责人报告。

第四章　检验检测

第四十一条　从事本条例规定的监督检验、定期检验、型式试验以及专门为特种设备生产、使用、检验检测提供无损检测服务的特种设备检验检测机构，应当经国务院特种设备安全监督管理部门核准。

特种设备使用单位设立的特种设备检验检测机构，经国务院特种设备安全监督管理部门核准，负责本单位核准范围内的特种设备定期检验工作。

第四十二条　特种设备检验检测机构，应当具备下列条件：

（一）有与所从事的检验检测工作相适应的检验检测人员；

（二）有与所从事的检验检测工作相适应的检验检测仪器和设备；

（三）有健全的检验检测管理制度、检验检测责任制度。

第四十三条　特种设备的监督检验、定期检验、型式试验和无损检测应当由依照本条例经核准的特种设备检验检测机构进行。

特种设备检验检测工作应当符合安全技术规范的要求。

第四十四条　从事本条例规定的监督检验、定期检验、型式试验和无损检测的特种设备检验检测人员应当经国务院特种设备安全监督管理部门组织考核合格，取得检验检测人员证书，方可从事检验检测工作。

检验检测人员从事检验检测工作，必须在特种设备检验检测机构执业，但不得同时在两个以上检验检测机构中执业。

第四十五条　特种设备检验检测机构和检验检测人员进行特种设备检验检测，应当遵循诚信原则和方便企业的原则，为特种设备生产、使用单位提供可靠、便捷的检验检测服务。

特种设备检验检测机构和检验检测人员对涉及的被检验检测单位的商业秘密，负有保密义务。

第四十六条　特种设备检验检测机构和检验检测人员应当客观、公正、及时地出具检验检测结果、鉴定结论。检验检测结果、鉴定结论经检验检测人员签字后，由检验检测机构负责人签署。

特种设备检验检测机构和检验检测人员对检验检测结果、鉴定结论负责。

国务院特种设备安全监督管理部门应当组织对特种设备检验检测机构的检验检测结果、鉴定结论进行监督抽查。县以上地方负责特种设备安全监督管理的部门在本行政区域内也可以组织监督抽查，但是要防止重复抽查。监督抽查结果应当向社会公布。

第四十七条　特种设备检验检测机构和检验检测人员不得从事特种设备的生产、销售，不得以其名义推荐或者监制、监销特种设备。

第四十八条　特种设备检验检测机构进行特种设备检验检测，发现严重事故隐患或者能耗严重超标的，应当及时告知特种设备使用单位，并立即向特种设备安全监督管理部门报告。

第四十九条　特种设备检验检测机构和检验检测人员利用检验检测工作故意刁难特种设备生产、使用单位，特种设备生产、使用单位有权向特种设备安全监督管理部门投诉，接到投诉的特种设备安全监督管理部门应当及时进行调查处理。

第五章　监督检查

第五十条　特种设备安全监督管理部门依照本条例规定，对特种设备生产、使用单位和检验检测机构实施安全监察。

对学校、幼儿园以及车站、客运码头、商场、体育场馆、展览馆、公园等公众聚集场所的特种设备，特种设备安全监督管理部门应当实施重点安全监察。

第五十一条　特种设备安全监督管理部门根据举报或者取得的涉嫌违法证据，对涉嫌违反本条例规定的行为进行查处时，可以行使下列职权：

（一）向特种设备生产、使用单位和检验检测机构的法定代表人、主要负责人和其他有关人员调查、了解与涉嫌从事违反本条例的生产、使用、检验检测有关的情况；

（二）查阅、复制特种设备生产、使用单位和检验检测机构的有关合同、发票、账簿以及其他有关资料；

（三）对有证据表明不符合安全技术规范要求的或者有其他严重事故隐患、能耗严重超标的特种设备，予以查封或者扣押。

第五十二条 依照本条例规定实施许可、核准、登记的特种设备安全监督管理部门，应当严格依照本条例规定条件和安全技术规范要求对有关事项进行审查；不符合本条例规定条件和安全技术规范要求的，不得许可、核准、登记；在申请办理许可、核准期间，特种设备安全监督管理部门发现申请人未经许可从事特种设备相应活动或者伪造许可、核准证书的，不予受理或者不予许可、核准，并在1年内不再受理其新的许可、核准申请。

未依法取得许可、核准、登记的单位擅自从事特种设备的生产、使用或者检验检测活动的，特种设备安全监督管理部门应当依法予以处理。

违反本条例规定，被依法撤销许可的，自撤销许可之日起3年内，特种设备安全监督管理部门不予受理其新的许可申请。

第五十三条 特种设备安全监督管理部门在办理本条例规定的有关行政审批事项时，其受理、审查、许可、核准的程序必须公开，并应当自受理申请之日起30日内，作出许可、核准或者不予许可、核准的决定；不予许可、核准的，应当书面向申请人说明理由。

第五十四条 地方各级特种设备安全监督管理部门不得以任何形式进行地方保护和地区封锁，不得对已经依照本条例规定在其他地方取得许可的特种设备生产单位重复进行许可，也不得要求对依照本条例规定在其他地方检验检测合格的特种设备，重复进行检验检测。

第五十五条 特种设备安全监督管理部门的安全监察人员（以下简称特种设备安全监察人员）应当熟悉相关法律、法规、规章和安全技术规范，具有相应的专业知识和工作经验，并经国务院特种设备安全监督管理部门考核，取得特种设备安全监察人员证书。

特种设备安全监察人员应当忠于职守、坚持原则、秉公执法。

第五十六条 特种设备安全监督管理部门对特种设备生产、使用单位和检验检测机构实施安全监察时，应当有两名以上特种设备安全监察人员参加，并出示有效的特种设备安全监察人员证件。

第五十七条　特种设备安全监督管理部门对特种设备生产、使用单位和检验检测机构实施安全监察，应当对每次安全监察的内容、发现的问题及处理情况，作出记录，并由参加安全监察的特种设备安全监察人员和被检查单位的有关负责人签字后归档。被检查单位的有关负责人拒绝签字的，特种设备安全监察人员应当将情况记录在案。

第五十八条　特种设备安全监督管理部门对特种设备生产、使用单位和检验检测机构进行安全监察时，发现有违反本条例规定和安全技术规范要求的行为或者在用的特种设备存在事故隐患、不符合能效指标的，应当以书面形式发出特种设备安全监察指令，责令有关单位及时采取措施，予以改正或者消除事故隐患。紧急情况下需要采取紧急处置措施的，应当随后补发书面通知。

第五十九条　特种设备安全监督管理部门对特种设备生产、使用单位和检验检测机构进行安全监察，发现重大违法行为或者严重事故隐患时，应当在采取必要措施的同时，及时向上级特种设备安全监督管理部门报告。接到报告的特种设备安全监督管理部门应当采取必要措施，及时予以处理。

对违法行为、严重事故隐患或者不符合能效指标的处理需要当地人民政府和有关部门的支持、配合时，特种设备安全监督管理部门应当报告当地人民政府，并通知其他有关部门。当地人民政府和其他有关部门应当采取必要措施，及时予以处理。

第六十条　国务院特种设备安全监督管理部门和省、自治区、直辖市特种设备安全监督管理部门应当定期向社会公布特种设备安全以及能效状况。

公布特种设备安全以及能效状况，应当包括下列内容：

（一）特种设备质量安全状况；

（二）特种设备事故的情况、特点、原因分析、防范对策；

（三）特种设备能效状况；

（四）其他需要公布的情况。

第六章　预防和调查处理

第六十一条　有下列情形之一的，为特别重大事故：

（一）特种设备事故造成 30 人以上死亡，或者 100 人以上重伤（包括急性工业中毒，下同），或者 1 亿元以上直接经济损失的；

（二）600 兆瓦以上锅炉爆炸的；

（三）压力容器、压力管道有毒介质泄漏，造成 15 万人以上转移的；

（四）客运索道、大型游乐设施高空滞留 100 人以上并且时间在 48 小时以上的。

第六十二条 有下列情形之一的，为重大事故：

（一）特种设备事故造成 10 人以上 30 人以下死亡，或者 50 人以上 100 人以下重伤，或者 5000 万元以上 1 亿元以下直接经济损失的；

（二）600 兆瓦以上锅炉因安全故障中断运行 240 小时以上的；

（三）压力容器、压力管道有毒介质泄漏，造成 5 万人以上 15 万人以下转移的；

（四）客运索道、大型游乐设施高空滞留 100 人以上并且时间在 24 小时以上 48 小时以下的。

第六十三条 有下列情形之一的，为较大事故：

（一）特种设备事故造成 3 人以上 10 人以下死亡，或者 10 人以上 50 人以下重伤，或者 1000 万元以上 5000 万元以下直接经济损失的；

（二）锅炉、压力容器、压力管道爆炸的；

（三）压力容器、压力管道有毒介质泄漏，造成 1 万人以上 5 万人以下转移的；

（四）起重机械整体倾覆的；

（五）客运索道、大型游乐设施高空滞留人员 12 小时以上的。

第六十四条 有下列情形之一的，为一般事故：

（一）特种设备事故造成 3 人以下死亡，或者 10 人以下重伤，或者 1 万元以上 1000 万元以下直接经济损失的；

（二）压力容器、压力管道有毒介质泄漏，造成 500 人以上 1 万人以下转移的；

（三）电梯轿厢滞留人员 2 小时以上的；

（四）起重机械主要受力结构件折断或者起升机构坠落的；

（五）客运索道高空滞留人员 3.5 小时以上 12 小时以下的；

（六）大型游乐设施高空滞留人员 1 小时以上 12 小时以下的。

除前款规定外，国务院特种设备安全监督管理部门可以对一般事故的其他情形做出补充规定。

第六十五条　特种设备安全监督管理部门应当制定特种设备应急预案。特种设备使用单位应当制定事故应急专项预案，并定期进行事故应急演练。

压力容器、压力管道发生爆炸或者泄漏，在抢险救援时应当区分介质特性，严格按照相关预案规定程序处理，防止二次爆炸。

第六十六条　特种设备事故发生后，事故发生单位应当立即启动事故应急预案，组织抢救，防止事故扩大，减少人员伤亡和财产损失，并及时向事故发生地县以上特种设备安全监督管理部门和有关部门报告。

县以上特种设备安全监督管理部门接到事故报告，应当尽快核实有关情况，立即向所在地人民政府报告，并逐级上报事故情况。必要时，特种设备安全监督管理部门可以越级上报事故情况。对特别重大事故、重大事故，国务院特种设备安全监督管理部门应当立即报告国务院并通报国务院安全生产监督管理部门等有关部门。

第六十七条　特别重大事故由国务院或者国务院授权有关部门组织事故调查组进行调查。

重大事故由国务院特种设备安全监督管理部门会同有关部门组织事故调查组进行调查。

较大事故由省、自治区、直辖市特种设备安全监督管理部门会同有关部门组织事故调查组进行调查。

一般事故由设区的市的特种设备安全监督管理部门会同有关部门组织事故调查组进行调查。

第六十八条　事故调查报告应当由负责组织事故调查的特种设备安全监督管理部门的所在地人民政府批复，并报上一级特种设备安全监督管理部门备案。

有关机关应当按照批复，依照法律、行政法规规定的权限和程序，对事故责任单位和有关人员进行行政处罚，对负有事故责任的国家工作人员进行处分。

第六十九条　特种设备安全监督管理部门应当在有关地方人民政府的领导下，组织开展特种设备事故调查处理工作。

有关地方人民政府应当支持、配合上级人民政府或者特种设备安全监督管理部门的事故调查处理工作，并提供必要的便利条件。

第七十条　特种设备安全监督管理部门应当对发生事故的原因进行分析，并根据特种设备的管理和技术特点、事故情况对相关安全技术规范进行评估；需要制定或者修订相关安全技术规范的，应当及时制定或者修订。

第七十一条　本章所称的"以上"包括本数，所称的"以下"不包括本数。

第七章　法律责任

第七十二条　未经许可，擅自从事压力容器设计活动的，由特种设备安全监督管理部门予以取缔，处5万元以上20万元以下罚款；有违法所得的，没收违法所得；触犯刑律的，对负有责任的主管人员和其他直接责任人员依照刑法关于非法经营罪或者其他罪的规定，依法追究刑事责任。

第七十三条　锅炉、气瓶、氧舱和客运索道、大型游乐设施以及高耗能特种设备的设计文件，未经国务院特种设备安全监督管理部门核准的检验检测机构鉴定，擅自用于制造的，由特种设备安全监督管理部门责令改正，没收非法制造的产品，处5万元以上20万元以下罚款；触犯刑律的，对负有责任的主管人员和其他直接责任人员依照刑法关于生产、销售伪劣产品罪、非法经营罪或者其他罪的规定，依法追究刑事责任。

第七十四条　按照安全技术规范的要求应当进行型式试验的特种设备产品、部件或者试制特种设备新产品、新部件，未进行整机或者部件型式试验的，由特种设备安全监督管理部门责令限期改正；逾期未改正的，处2万元以上10万元以下罚款。

第七十五条　未经许可，擅自从事锅炉、压力容器、电梯、起重机械、客运索道、大型游乐设施、场（厂）内专用机动车辆及其安全附件、安全保护装置的制造、安装、改造以及压力管道元件的制造活动的，由特种设备安全监督管理部门予以取缔，没收非法制造的产品，已经实施安装、改造的，责令恢复原状或者责令限期由取得许可的单位重新安装、改造，处10万元以上50万元以下罚款；触犯刑律的，对负有责任的主管人员和其他直接责任人员依照刑法关于生产、销售伪劣产品罪、非法经营罪、重大责任事故罪或者其他罪的规定，依法追究刑事责任。

第七十六条　特种设备出厂时，未按照安全技术规范的要求附有设计文件、产品质量合格证明、安装及使用维修说明、监督检验证明等文件的，由特种设备安全监督管理部门责令改正；情节严重的，责令停止生产、销售，处违法生产、销售货值金额30%以下罚款；有违法所得的，没收违法所得。

第七十七条　未经许可，擅自从事锅炉、压力容器、电梯、起重机械、客运索道、大型游乐设施、场（厂）内专用机动车辆的维修或者日常维护保养的，由特种设备安全监督管理部门予以取缔，处1万元以上5万元以下罚款；有违法所得的，没收违法所得；触犯刑律的，对负有责任的主管人员和其他直接责任人员依照刑法关于非法经营罪、重大责任事故罪或者其他罪的规定，依法追究刑事责任。

第七十八条　锅炉、压力容器、电梯、起重机械、客运索道、大型游乐设施的安装、改造、维修的施工单位以及场（厂）内专用机动车辆的改造、维修单位，在施工前未将拟进行的特种设备安装、改造、维修情况书面告知直辖市或者设区的市的特种设备安全监督管理部门即行施工的，或者在验收后30日内未将有关技术资料移交锅炉、压力容器、电梯、起重机械、客运索道、大型游乐设施的使用单位的，由特种设备安全监督管理部门责令限期改正；逾期未改正的，处2000元以上1万元以下罚款。

第七十九条　锅炉、压力容器、压力管道元件、起重机械、大型游乐设施的制造过程和锅炉、压力容器、电梯、起重机械、客运索道、大型游乐设施的安装、改造、重大维修过程，以及锅炉清洗过程，未经国务院特种设备安全监督管理部门核准的检验检测机构按照安全技术规范的要求进行监督检验的，由特种设备安全监督管理部门责令改正，已经出厂的，没收违法生产、销售的产品，已经实施安装、改造、重大维修或者清洗的，责令限期进行监督检验，处 5 万元以上 20 万元以下罚款；有违法所得的，没收违法所得；情节严重的，撤销制造、安装、改造或者维修单位已经取得的许可，并由工商行政管理部门吊销其营业执照；触犯刑律的，对负有责任的主管人员和其他直接责任人员依照刑法关于生产、销售伪劣产品罪或者其他罪的规定，依法追究刑事责任。

第八十条　未经许可，擅自从事移动式压力容器或者气瓶充装活动的，由特种设备安全监督管理部门予以取缔，没收违法充装的气瓶，处 10 万元以上 50 万元以下罚款；有违法所得的，没收违法所得；触犯刑律的，对负有责任的主管人员和其他直接责任人员依照刑法关于非法经营罪或者其他罪的规定，依法追究刑事责任。

移动式压力容器、气瓶充装单位未按照安全技术规范的要求进行充装活动的，由特种设备安全监督管理部门责令改正，处 2 万元以上 10 万元以下罚款；情节严重的，撤销其充装资格。

第八十一条　电梯制造单位有下列情形之一的，由特种设备安全监督管理部门责令限期改正；逾期未改正的，予以通报批评：

（一）未依照本条例第十九条的规定对电梯进行校验、调试的；

（二）对电梯的安全运行情况进行跟踪调查和了解时，发现存在严重事故隐患，未及时向特种设备安全监督管理部门报告的。

第八十二条　已经取得许可、核准的特种设备生产单位、检验检测机构有下列行为之一的，由特种设备安全监督管理部门责令改正，处 2 万元以上 10 万元以下罚款；情节严重的，撤销其相应资格：

（一）未按照安全技术规范的要求办理许可证变更手续的；

（二）不再符合本条例规定或者安全技术规范要求的条件，继续从事特种设备生产、检验检测的；

（三）未依照本条例规定或者安全技术规范要求进行特种设备生产、检验检测的；

（四）伪造、变造、出租、出借、转让许可证书或者监督检验报告的。

第八十三条 特种设备使用单位有下列情形之一的，由特种设备安全监督管理部门责令限期改正；逾期未改正的，处 2000 元以上 2 万元以下罚款；情节严重的，责令停止使用或者停产停业整顿：

（一）特种设备投入使用前或者投入使用后 30 日内，未向特种设备安全监督管理部门登记，擅自将其投入使用的；

（二）未依照本条例第二十六条的规定，建立特种设备安全技术档案的；

（三）未依照本条例第二十七条的规定，对在用特种设备进行经常性日常维护保养和定期自行检查的，或者对在用特种设备的安全附件、安全保护装置、测量调控装置及有关附属仪器仪表进行定期校验、检修，并作出记录的；

（四）未按照安全技术规范的定期检验要求，在安全检验合格有效期届满前 1 个月向特种设备检验检测机构提出定期检验要求的；

（五）使用未经定期检验或者检验不合格的特种设备的；

（六）特种设备出现故障或者发生异常情况，未对其进行全面检查、消除事故隐患，继续投入使用的；

（七）未制定特种设备事故应急专项预案的；

（八）未依照本条例第三十一条第二款的规定，对电梯进行清洁、润滑、调整和检查的；

（九）未按照安全技术规范要求进行锅炉水（介）质处理的；

（十）特种设备不符合能效指标，未及时采取相应措施进行整改的。

特种设备使用单位使用未取得生产许可的单位生产的特种设备或者将非承压锅炉、非压力容器作为承压锅炉、压力容器使用的，由特种设备安全监督管理部门责令停止使用，予以没收，处 2 万元以上 10 万元以下罚款。

第八十四条 特种设备存在严重事故隐患，无改造、维修价值，或者超过安全技术规范规定的使用年限，特种设备使用单位未予以报废，并向原登记的特种设备安全监督管理部门办理注销的，由特种设备安全监督管理部门责令限期改正；逾期未改正的，处 5 万元以上 20 万元以下罚款。

第八十五条 电梯、客运索道、大型游乐设施的运营使用单位有下列情形之一的，由特种设备安全监督管理部门责令限期改正；逾期未改正的，责令停止使用或者停产停业整顿，处 1 万元以上 5 万元以下罚款：

（一）客运索道、大型游乐设施每日投入使用前，未进行试运行和例行安全检查，并对安全装置进行检查确认的；

（二）未将电梯、客运索道、大型游乐设施的安全注意事项和警示标志置于易于为乘客注意的显著位置的。

第八十六条 特种设备使用单位有下列情形之一的，由特种设备安全监督管理部门责令限期改正；逾期未改正的，责令停止使用或者停产停业整顿，处 2000 元以上 2 万元以下罚款：

（一）未依照本条例规定设置特种设备安全管理机构或者配备专职、兼职的安全管理人员的；

（二）从事特种设备作业的人员，未取得相应特种作业人员证书，上岗作业的；

（三）未对特种设备作业人员进行特种设备安全教育和培训的。

第八十七条 发生特种设备事故，有下列情形之一的，对单位，由特种设备安全监督管理部门处 5 万元以上 20 万元以下罚款；对主要负责人，由特种设备安全监督管理部门处 4000 元以上 2 万元以下罚款；属于国家工作人员的，依法给予处分；触犯刑律的，依照刑法关于重大责任事故罪或者其他罪的规定，依法追究刑事责任：

（一）特种设备使用单位的主要负责人在本单位发生特种设备事故时，不立即组织抢救或者在事故调查处理期间擅离职守或者逃匿的；

（二）特种设备使用单位的主要负责人对特种设备事故隐瞒不报、谎报或者拖延不报的。

第八十八条 对事故发生负有责任的单位，由特种设备安全监督管理部门依照下列规定处以罚款：

（一）发生一般事故的，处 10 万元以上 20 万元以下罚款；

（二）发生较大事故的，处 20 万元以上 50 万元以下罚款；

（三）发生重大事故的，处 50 万元以上 200 万元以下罚款。

第八十九条 对事故发生负有责任的单位的主要负责人未依法履行职责，导致事故发生的，由特种设备安全监督管理部门依照下列规定处以罚款；属于国家工作人员的，并依法给予处分；触犯刑律的，依照刑法关于重大责任事故罪或者其他罪的规定，依法追究刑事责任：

（一）发生一般事故的，处上一年年收入 30% 的罚款；

（二）发生较大事故的，处上一年年收入 40% 的罚款；

（三）发生重大事故的，处上一年年收入 60% 的罚款。

第九十条 特种设备作业人员违反特种设备的操作规程和有关的安全规章制度操作，或者在作业过程中发现事故隐患或者其他不安全因素，未立即向现场安全管理人员和单位有关负责人报告的，由特种设备使用单位给予批评教育、处分；情节严重的，撤销特种设备作业人员资格；触犯刑律的，依照刑法关于重大责任事故罪或者其他罪的规定，依法追究刑事责任。

第九十一条 未经核准，擅自从事本条例所规定的监督检验、定期检验、型式试验以及无损检测等检验检测活动的，由特种设备安全监督管理部门予以取缔，处 5 万元以上 20 万元以下罚款；有违法所得的，没收违法所得；触犯刑律的，对负有责任的主管人员和其他直接责任人员依照刑法关于非法经营罪或者其他罪的规定，依法追究刑事责任。

第九十二条 特种设备检验检测机构，有下列情形之一的，由特种设备安全监督管理部门处 2 万元以上 10 万元以下罚款；情节严重的，撤销其检验检测资格：

（一）聘用未经特种设备安全监督管理部门组织考核合格并取得检验检测人员证书的人员，从事相关检验检测工作的；

（二）在进行特种设备检验检测中，发现严重事故隐患或者能耗严重超标，未及时告知特种设备使用单位，并立即向特种设备安全监督管理部门报告的。

第九十三条　特种设备检验检测机构和检验检测人员，出具虚假的检验检测结果、鉴定结论或者检验检测结果、鉴定结论严重失实的，由特种设备安全监督管理部门对检验检测机构没收违法所得，处 5 万元以上 20 万元以下罚款，情节严重的，撤销其检验检测资格；对检验检测人员处 5000 元以上 5 万元以下罚款，情节严重的，撤销其检验检测资格，触犯刑律的，依照刑法关于中介组织人员提供虚假证明文件罪、中介组织人员出具证明文件重大失实罪或者其他罪的规定，依法追究刑事责任。

　　特种设备检验检测机构和检验检测人员，出具虚假的检验检测结果、鉴定结论或者检验检测结果、鉴定结论严重失实，造成损害的，应当承担赔偿责任。

　　第九十四条　特种设备检验检测机构或者检验检测人员从事特种设备的生产、销售，或者以其名义推荐或者监制、监销特种设备的，由特种设备安全监督管理部门撤销特种设备检验检测机构和检验检测人员的资格，处 5 万元以上 20 万元以下罚款；有违法所得的，没收违法所得。

　　第九十五条　特种设备检验检测机构和检验检测人员利用检验检测工作故意刁难特种设备生产、使用单位，由特种设备安全监督管理部门责令改正；拒不改正的，撤销其检验检测资格。

　　第九十六条　检验检测人员，从事检验检测工作，不在特种设备检验检测机构执业或者同时在两个以上检验检测机构中执业的，由特种设备安全监督管理部门责令改正，情节严重的，给予停止执业 6 个月以上 2 年以下的处罚；有违法所得的，没收违法所得。

　　第九十七条　特种设备安全监督管理部门及其特种设备安全监察人员，有下列违法行为之一的，对直接负责的主管人员和其他直接责任人员，依法给予降级或者撤职的处分；触犯刑律的，依照刑法关于受贿罪、滥用职权罪、玩忽职守罪或者其他罪的规定，依法追究刑事责任：

　　（一）不按照本条例规定的条件和安全技术规范要求，实施许可、核准、登记的；

　　（二）发现未经许可、核准、登记擅自从事特种设备的生产、使用或者检验检测活动不予取缔或者不依法予以处理的；

（三）发现特种设备生产、使用单位不再具备本条例规定的条件而不撤销其原许可，或者发现特种设备生产、使用违法行为不予查处的；

（四）发现特种设备检验检测机构不再具备本条例规定的条件而不撤销其原核准，或者对其出具虚假的检验检测结果、鉴定结论或者检验检测结果、鉴定结论严重失实的行为不予查处的；

（五）对依照本条例规定在其他地方取得许可的特种设备生产单位重复进行许可，或者对依照本条例规定在其他地方检验检测合格的特种设备，重复进行检验检测的；

（六）发现有违反本条例和安全技术规范的行为或者在用的特种设备存在严重事故隐患，不立即处理的；

（七）发现重大的违法行为或者严重事故隐患，未及时向上级特种设备安全监督管理部门报告，或者接到报告的特种设备安全监督管理部门不立即处理的；

（八）迟报、漏报、瞒报或者谎报事故的；

（九）妨碍事故救援或者事故调查处理的。

第九十八条 特种设备的生产、使用单位或者检验检测机构，拒不接受特种设备安全监督管理部门依法实施的安全监察的，由特种设备安全监督管理部门责令限期改正；逾期未改正的，责令停产停业整顿，处 2 万元以上 10 万元以下罚款；触犯刑律的，依照刑法关于妨害公务罪或者其他罪的规定，依法追究刑事责任。

特种设备生产、使用单位擅自动用、调换、转移、损毁被查封、扣押的特种设备或者其主要部件的，由特种设备安全监督管理部门责令改正，处 5 万元以上 20 万元以下罚款；情节严重的，撤销其相应资格。

第八章　附　则

第九十九条 本条例下列用语的含义是：

（一）锅炉，是指利用各种燃料、电或者其他能源，将所盛装的液体加热到一定的参数，并对外输出热能的设备，其范围规定为容积大于或者等于30L的承压蒸汽锅炉；出口水压大于或者等于0.1MPa（表压），且额定功率大于或者等于0.1MW的承压热水锅炉；有机热载体锅炉。

（二）压力容器，是指盛装气体或者液体，承载一定压力的密闭设备，其范围规定为最高工作压力大于或者等于0.1MPa（表压），且压力与容积的乘积大于或者等于2.5MPa·L的气体、液化气体和最高工作温度高于或者等于标准沸点的液体的固定式容器和移动式容器；盛装公称工作压力大于或者等于0.2MPa（表压），且压力与容积的乘积大于或者等于1.0MPa·L的气体、液化气体和标准沸点等于或者低于60℃液体的气瓶；氧舱等。

（三）压力管道，是指利用一定的压力，用于输送气体或者液体的管状设备，其范围规定为最高工作压力大于或者等于0.1MPa（表压）的气体、液化气体、蒸汽介质或者可燃、易爆、有毒、有腐蚀性、最高工作温度高于或者等于标准沸点的液体介质，且公称直径大于25mm的管道。

（四）电梯，是指动力驱动，利用沿刚性导轨运行的箱体或者沿固定线路运行的梯级（踏步），进行升降或者平行运送人、货物的机电设备，包括载人（货）电梯、自动扶梯、自动人行道等。

（五）起重机械，是指用于垂直升降或者垂直升降并水平移动重物的机电设备，其范围规定为额定起重量大于或者等于0.5t的升降机；额定起重量大于或者等于1t，且提升高度大于或者等于2m的起重机和承重形式固定的电动葫芦等。

（六）客运索道，是指动力驱动，利用柔性绳索牵引箱体等运载工具运送人员的机电设备，包括客运架空索道、客运缆车、客运拖牵索道等。

（七）大型游乐设施，是指用于经营目的，承载乘客游乐的设施，其范围规定为设计最大运行线速度大于或者等于2m/s，或者运行高度距地面高于或者等于2m的载人大型游乐设施。

（八）场（厂）内专用机动车辆，是指除道路交通、农用车辆以外仅在工厂厂区、旅游景区、游乐场所等特定区域使用的专用机动车辆。

特种设备包括其所用的材料、附属的安全附件、安全保护装置和与安全保护装置相关的设施。

第一百条 压力管道设计、安装、使用的安全监督管理办法由国务院另行制定。

第一百零一条 国务院特种设备安全监督管理部门可以授权省、自治区、直辖市特种设备安全监督管理部门负责本条例规定的特种设备行政许可工作，具体办法由国务院特种设备安全监督管理部门制定。

第一百零二条 特种设备行政许可、检验检测，应当按照国家有关规定收取费用。

第一百零三条 本条例自 2003 年 6 月 1 日起施行。1982 年 2 月 6 日国务院发布的《锅炉压力容器安全监察暂行条例》同时废止。

安全生产领域违纪行为适用《中国共产党纪律处分条例》若干问题的解释

（中纪发〔2007〕17号　自2007年10月8日起施行）

为加强安全生产工作，惩处安全生产领域违纪行为，促进安全生产法律法规的贯彻实施，保障人民群众生命财产和公共财产安全，现对安全生产领域违纪行为适用《中国共产党纪律处分条例》若干问题解释如下：

一、党和国家工作人员或者其他从事公务的人员在安全生产领域，有下列情形之一的，依照《中国共产党纪律处分条例》第一百二十七条规定处理：

（一）利用职权干预生产安全事故调查工作或者阻挠、干涉对事故责任人员进行责任追究的；

（二）不执行对事故责任人员的处理决定，或者擅自改变上级机关对事故责任人员的处理意见的；

（三）利用职权干预安全生产行政许可、审批或者安全生产监督执法的；

（四）利用职权干预安全生产中介活动的；

（五）利用职权干预安全生产装备、设备、设施采购或者招标投标等活动的；

（六）有其他利用职权干预生产经营活动危及安全生产行为的。

二、党组织负责人在安全生产领域有下列情形之一的，依照《中国共产党纪律处分条例》第一百二十八条规定处理：

（一）不执行党和国家安全生产方针政策和安全生产法律、法规、规章以及上级机关、主管部门有关安全生产的决定、命令、指示的；

（二）制定或者采取与党和国家安全生产方针政策以及安全生产法律、

法规、规章相抵触的规定或措施，造成不良后果或者经上级机关、有关部门指出仍不改正的。

三、国家行政机关或者法律、法规授权的部门、单位的工作人员在安全生产领域，违反规定实施行政许可或者审批，有下列情形之一的，依照《中国共产党纪律处分条例》第一百二十九条规定处理：

（一）向不符合法定安全生产条件的生产经营单位或者经营者颁发有关证照的；

（二）对不具备法定条件机构、人员的安全生产资质、资格予以批准认定的；

（三）对经责令整改仍不具备安全生产条件的生产经营单位，不撤销原行政许可、审批或者不依法查处的；

（四）违法委托单位或者个人行使有关安全生产的行政许可权或者审批权的；

（五）有其他违反规定实施安全生产行政许可或者审批行为的。

四、国家行政机关或者法律、法规授权的部门、单位的工作人员在安全生产领域，有下列情形之一的，依照《中国共产党纪律处分条例》第一百二十九条规定处理：

（一）批准向合法的生产经营单位或者经营者超量提供剧毒品、火工品等危险物资，造成危害后果的；

（二）批准向非法的或者不具备安全生产条件的生产经营单位或者经营者，提供剧毒品、火工品等危险物资或者其他生产经营条件的。

五、国家行政机关或者法律、法规授权的部门、单位的工作人员，未按照有关规定对有关单位新建、改建、扩建工程项目的安全设施组织审查验收的，依照《中国共产党纪律处分条例》第一百三十一条规定处理。

六、国有企业（公司）和集体所有制企业（公司）的工作人员，违反安全生产作业方面的规定，有下列情形之一的，依照《中国共产党纪律处分条例》第一百三十三条规定处理：

（一）对存在的重大安全隐患，未采取有效措施的；

（二）违章指挥，强令工人冒险作业的；

（三）未按规定进行安全生产教育和培训并经考核合格，允许从业人员上岗，致使违章作业的；

（四）超能力、超强度、超定员组织生产经营，拒不执行有关部门整改指令的。

其他企业（公司）的工作人员有前款规定情形的，依照前款的规定酌情处理。

七、国有企业（公司）和集体所有制企业（公司）的工作人员，违反有关安全生产行政许可的规定，有下列情形之一的，依照《中国共产党纪律处分条例》第一百三十三条规定处理：

（一）未取得安全生产行政许可及相关证照或者不具备安全生产条件从事生产经营活动的；

（二）弄虚作假，骗取安全生产相关证照的；

（三）出借、出租、转让或者冒用安全生产相关证照的；

（四）被依法责令停产停业整顿、吊销证照、关闭的生产经营单位，继续从事生产经营活动的。

其他企业（公司）的工作人员有前款规定情形的，依照前款的规定酌情处理。

八、国有企业（公司）和集体所有制企业（公司）的工作人员，在安全生产、经营、管理等活动中有下列情形之一的，依照《中国共产党纪律处分条例》第一百三十三条规定处理：

（一）未按照有关规定保证安全生产所必需的资金投入，导致产生重大安全隐患的；

（二）制造、销售、使用国家明令淘汰或者不符合国家标准的设施、设备、器材或者产品的；

（三）拒绝执法人员进行现场检查或者在被检查时隐瞒事故隐患，不如实反映情况的。其他企业（公司）的工作人员有前款规定情形的，依照前款的规定酌情处理。

九、国家机关工作人员的配偶、子女及其配偶违反规定在煤矿等企业投资入股或者在安全生产领域经商办企业的，对该国家机关工作人员依照《中国共产党纪律处分条例》第七十七条规定处理。

国有企业领导人员的配偶、子女及其配偶违反规定在煤矿等企业投资入股或者在安全生产领域经商办企业的，依照前款规定处理。

十、承担安全评价、培训、认证、资质验证、设计、检测、检验等工作的机构，出具虚假报告等与事实不符的文件材料的，依照《中国共产党纪律处分条例》第一百一十条规定处理。

三、水利安全生产相关部门规章

水利工程建设安全生产管理规定

（水利部令第 26 号　自 2005 年 9 月 1 日起施行）

第一章　总　则

第一条　为了加强水利工程建设安全生产监督管理，明确安全生产责任，防止和减少安全生产事故，保障人民群众生命和财产安全，根据《中华人民共和国安全生产法》、《建设工程安全生产管理条例》等法律、法规，结合水利工程的特点，制定本规定。

第二条　本规定适用于水利工程的新建、扩建、改建、加固和拆除等活动及水利工程建设安全生产的监督管理。

前款所称水利工程，是指防洪、除涝、灌溉、水力发电、供水、围垦等（包括配套与附属工程）各类水利工程。

第三条　水利工程建设安全生产管理，坚持安全第一，预防为主的方针。

第四条　发生生产安全事故，必须查清事故原因，查明事故责任，落实整改措施，做好事故处理工作，并依法追究有关人员的责任。

第五条　项目法人（或者建设单位，下同）、勘察（测）单位、设计单位、施工单位、建设监理单位及其他与水利工程建设安全生产有关的单位，必须遵守安全生产法律、法规和本规定，保证水利工程建设安全生产，依法承担水利工程建设安全生产责任。

第二章　项目法人的安全责任

第六条　项目法人在对施工投标单位进行资格审查时，应当对投标单位的主要负责人、项目负责人以及专职安全生产管理人员是否经水行政主管部门安全生产考核合格进行审查。有关人员未经考核合格的，不得认定投标单位的投标资格。

第七条 项目法人应当向施工单位提供施工现场及施工可能影响的毗邻区域内供水、排水、供电、供气、供热、通讯、广播电视等地下管线资料，气象和水文观测资料，拟建工程可能影响的相邻建筑物和构筑物、地下工程的有关资料，并保证有关资料的真实、准确、完整，满足有关技术规范的要求。对可能影响施工报价的资料，应当在招标时提供。

第八条 项目法人不得调减或挪用批准概算中所确定的水利工程建设有关安全作业环境及安全施工措施等所需费用。工程承包合同中应当明确安全作业环境及安全施工措施所需费用。

第九条 项目法人应当组织编制保证安全生产的措施方案，并自工程开工之日起 15 个工作日内报有管辖权的水行政主管部门、流域管理机构或者其委托的水利工程建设安全生产监督机构（以下简称安全生产监督机构）备案。建设过程中安全生产的情况发生变化时，应当及时对保证安全生产的措施方案进行调整，并报原备案机关。

保证安全生产的措施方案应当根据有关法律法规、强制性标准和技术规范的要求并结合工程的具体情况编制，应当包括以下内容：

（一）项目概况；

（二）编制依据；

（三）安全生产管理机构及相关负责人；

（四）安全生产的有关规章制度制定情况；

（五）安全生产管理人员及特种作业人员持证上岗情况等；

（六）生产安全事故的应急救援预案；

（七）工程度汛方案、措施；

（八）其他有关事项。

第十条 项目法人在水利工程开工前，应当就落实保证安全生产的措施进行全面系统的布置，明确施工单位的安全生产责任。

第十一条 项目法人应当将水利工程中的拆除工程和爆破工程发包给具有相应水利水电工程施工资质等级的施工单位。

项目法人应当在拆除工程或者爆破工程施工 15 日前，将下列资料报送水行政主管部门、流域管理机构或者其委托的安全生产监督机构备案：

（一）施工单位资质等级证明；

（二）拟拆除或拟爆破的工程及可能危及毗邻建筑物的说明；

（三）施工组织方案；

（四）堆放、清除废弃物的措施；

（五）生产安全事故的应急救援预案。

第三章　勘察（测）、设计、建设监理及其他有关单位的安全责任

第十二条　勘察（测）单位应当按照法律、法规和工程建设强制性标准进行勘察（测），提供的勘察（测）文件必须真实、准确，满足水利工程建设安全生产的需要。

勘察（测）单位在勘察（测）作业时，应当严格执行操作规程，采取措施保证各类管线、设施和周边建筑物、构筑物的安全。

勘察（测）单位和有关勘察（测）人员应当对其勘察（测）成果负责。

第十三条　设计单位应当按照法律、法规和工程建设强制性标准进行设计，并考虑项目周边环境对施工安全的影响，防止因设计不合理导致生产安全事故的发生。

设计单位应当考虑施工安全操作和防护的需要，对涉及施工安全的重点部位和环节在设计文件中注明，并对防范生产安全事故提出指导意见。

采用新结构、新材料、新工艺以及特殊结构的水利工程，设计单位应当在设计中提出保障施工作业人员安全和预防生产安全事故的措施建议。

设计单位和有关设计人员应当对其设计成果负责。

设计单位应当参与与设计有关的生产安全事故分析，并承担相应的责任。

第十四条　建设监理单位和监理人员应当按照法律、法规和工程建设强制性标准实施监理，并对水利工程建设安全生产承担监理责任。

建设监理单位应当审查施工组织设计中的安全技术措施或者专项施工方案是否符合工程建设强制性标准。

建设监理单位在实施监理过程中，发现存在生产安全事故隐患的，应当要求施工单位整改；对情况严重的，应当要求施工单位暂时停止施工，并及时向水行政主管部门、流域管理机构或者其委托的安全生产监督机构以及项目法人报告。

第十五条 为水利工程提供机械设备和配件的单位，应当按照安全施工的要求提供机械设备和配件，配备齐全有效的保险、限位等安全设施和装置，提供有关安全操作的说明，保证其提供的机械设备和配件等产品的质量和安全性能达到国家有关技术标准。

第四章 施工单位的安全责任

第十六条 施工单位从事水利工程的新建、扩建、改建、加固和拆除等活动，应当具备国家规定的注册资本、专业技术人员、技术装备和安全生产等条件，依法取得相应等级的资质证书，并在其资质等级许可的范围内承揽工程。

第十七条 施工单位应当依法取得安全生产许可证后，方可从事水利工程施工活动。

第十八条 施工单位主要负责人依法对本单位的安全生产工作全面负责。施工单位应当建立健全安全生产责任制度和安全生产教育培训制度，制定安全生产规章制度和操作规程，保证本单位建立和完善安全生产条件所需资金的投入，对所承担的水利工程进行定期和专项安全检查，并做好安全检查记录。

施工单位的项目负责人应当由取得相应执业资格的人员担任，对水利工程建设项目的安全施工负责，落实安全生产责任制度、安全生产规章制度和操作规程，确保安全生产费用的有效使用，并根据工程的特点组织制定安全施工措施，消除安全事故隐患，及时、如实报告生产安全事故。

第十九条 施工单位在工程报价中应当包含工程施工的安全作业环境及

安全施工措施所需费用。对列入建设工程概算的上述费用，应当用于施工安全防护用具及设施的采购和更新、安全施工措施的落实、安全生产条件的改善，不得挪作他用。

第二十条　施工单位应当设立安全生产管理机构，按照国家有关规定配备专职安全生产管理人员。施工现场必须有专职安全生产管理人员。

专职安全生产管理人员负责对安全生产进行现场监督检查。发现生产安全事故隐患，应当及时向项目负责人和安全生产管理机构报告；对违章指挥、违章操作的，应当立即制止。

第二十一条　施工单位在建设有度汛要求的水利工程时，应当根据项目法人编制的工程度汛方案、措施制定相应的度汛方案，报项目法人批准；涉及防汛调度或者影响其它工程、设施度汛安全的，由项目法人报有管辖权的防汛指挥机构批准。

第二十二条　垂直运输机械作业人员、安装拆卸工、爆破作业人员、起重信号工、登高架设作业人员等特种作业人员，必须按照国家有关规定经过专门的安全作业培训，并取得特种作业操作资格证书后，方可上岗作业。

第二十三条　施工单位应当在施工组织设计中编制安全技术措施和施工现场临时用电方案，对下列达到一定规模的危险性较大的工程应当编制专项施工方案，并附具安全验算结果，经施工单位技术负责人签字以及总监理工程师核签后实施，由专职安全生产管理人员进行现场监督：

（一）基坑支护与降水工程；

（二）土方和石方开挖工程；

（三）模板工程；

（四）起重吊装工程；

（五）脚手架工程；

（六）拆除、爆破工程；

（七）围堰工程；

（八）其他危险性较大的工程。

对前款所列工程中涉及高边坡、深基坑、地下暗挖工程、高大模板工程的专项施工方案，施工单位还应当组织专家进行论证、审查。

第二十四条　施工单位在使用施工起重机械和整体提升脚手架、模板等自升式架设设施前，应当组织有关单位进行验收，也可以委托具有相应资质的检验检测机构进行验收；使用承租的机械设备和施工机具及配件的，由施工总承包单位、分包单位、出租单位和安装单位共同进行验收。验收合格的方可使用。

第二十五条　施工单位的主要负责人、项目负责人、专职安全生产管理人员应当经水行政主管部门安全生产考核合格后方可任职。

施工单位应当对管理人员和作业人员每年至少进行一次安全生产教育培训，其教育培训情况记入个人工作档案。安全生产教育培训考核不合格的人员，不得上岗。

施工单位在采用新技术、新工艺、新设备、新材料时，应当对作业人员进行相应的安全生产教育培训。

第五章　监督管理

第二十六条　水行政主管部门和流域管理机构按照分级管理权限，负责水利工程建设安全生产的监督管理。水行政主管部门或者流域管理机构委托的安全生产监督机构，负责水利工程施工现场的具体监督检查工作。

第二十七条　水利部负责全国水利工程建设安全生产的监督管理工作，其主要职责是：

（一）贯彻、执行国家有关安全生产的法律、法规和政策，制定有关水利工程建设安全生产的规章、规范性文件和技术标准；

（二）监督、指导全国水利工程建设安全生产工作，组织开展对全国水利工程建设安全生产情况的监督检查；

（三）组织、指导全国水利工程建设安全生产监督机构的建设、考核和安全生产监督人员的考核工作以及水利水电工程施工单位的主要负责人、项目负责人和专职安全生产管理人员的安全生产考核工作。

第二十八条　流域管理机构负责所管辖的水利工程建设项目的安全生产

监督工作。

第二十九条 省、自治区、直辖市人民政府水行政主管部门负责本行政区域内所管辖的水利工程建设安全生产的监督管理工作，其主要职责是：

（一）贯彻、执行有关安全生产的法律、法规、规章、政策和技术标准，制定地方有关水利工程建设安全生产的规范性文件；

（二）监督、指导本行政区域内所管辖的水利工程建设安全生产工作，组织开展对本行政区域内所管辖的水利工程建设安全生产情况的监督检查；

（三）组织、指导本行政区域内水利工程建设安全生产监督机构的建设工作以及有关的水利水电工程施工单位的主要负责人、项目负责人和专职安全生产管理人员的安全生产考核工作。

市、县级人民政府水行政主管部门水利工程建设安全生产的监督管理职责，由省、自治区、直辖市人民政府水行政主管部门规定。

第三十条 水行政主管部门或者流域管理机构委托的安全生产监督机构，应当严格按照有关安全生产的法律、法规、规章和技术标准，对水利工程施工现场实施监督检查。

安全生产监督机构应当配备一定数量的专职安全生产监督人员。安全生产监督机构以及安全生产监督人员应当经水利部考核合格。

第三十一条 水行政主管部门或者其委托的安全生产监督机构应当自收到本规定第九条和第十一条规定的有关备案资料后 20 日内，将有关备案资料抄送同级安全生产监督管理部门。流域管理机构抄送项目所在地省级安全生产监督管理部门，并报水利部备案。

第三十二条 水行政主管部门、流域管理机构或者其委托的安全生产监督机构依法履行安全生产监督检查职责时，有权采取下列措施：

（一）要求被检查单位提供有关安全生产的文件和资料；

（二）进入被检查单位施工现场进行检查；

（三）纠正施工中违反安全生产要求的行为；

（四）对检查中发现的安全事故隐患，责令立即排除；重大安全事故隐患排除前或者排除过程中无法保证安全的，责令从危险区域内撤出作业人员或者暂时停止施工。

第三十三条 各级水行政主管部门和流域管理机构应当建立举报制度，及时受理对水利工程建设生产安全事故及安全事故隐患的检举、控告和投诉；对超出管理权限的，应当及时转送有管理权限的部门。举报制度应当包括以下内容：

（一）公布举报电话、信箱或者电子邮件地址，受理对水利工程建设安全生产的举报；

（二）对举报事项进行调查核实，并形成书面材料；

（三）督促落实整顿措施，依法作出处理。

第六章 生产安全事故的应急救援和调查处理

第三十四条 各级地方人民政府水行政主管部门应当根据本级人民政府的要求，制定本行政区域内水利工程建设特大生产安全事故应急救援预案，并报上一级人民政府水行政主管部门备案。流域管理机构应当编制所管辖的水利工程建设特大生产安全事故应急救援预案，并报水利部备案。

第三十五条 项目法人应当组织制定本建设项目的生产安全事故应急救援预案，并定期组织演练。应急救援预案应当包括紧急救援的组织机构、人员配备、物资准备、人员财产救援措施、事故分析与报告等方面的方案。

第三十六条 施工单位应当根据水利工程施工的特点和范围，对施工现场易发生重大事故的部位、环节进行监控，制定施工现场生产安全事故应急救援预案。实行施工总承包的，由总承包单位统一组织编制水利工程建设生产安全事故应急救援预案，工程总承包单位和分包单位按照应急救援预案，各自建立应急救援组织或者配备应急救援人员，配备救援器材、设备，并定期组织演练。

第三十七条 施工单位发生生产安全事故，应当按照国家有关伤亡事故报告和调查处理的规定，及时、如实地向负责安全生产监督管理的部门以及水行政主管部门或者流域管理机构报告；特种设备发生事故的，还应当同时向特种设备安全监督管理部门报告。接到报告的部门应当按照国家有关规定，如实上报。

实行施工总承包的建设工程，由总承包单位负责上报事故。

发生生产安全事故，项目法人及其他有关单位应当及时、如实地向负责安全生产监督管理的部门以及水行政主管部门或者流域管理机构报告。

第三十八条 发生生产安全事故后，有关单位应当采取措施防止事故扩大，保护事故现场。需要移动现场物品时，应当做出标记和书面记录，妥善保管有关证物。

第三十九条 水利工程建设生产安全事故的调查、对事故责任单位和责任人的处罚与处理，按照有关法律、法规的规定执行。

第七章 附 则

第四十条 违反本规定，需要实施行政处罚的，由水行政主管部门或者流域管理机构按照《建设工程安全生产管理条例》的规定执行。

第四十一条 省、自治区、直辖市人民政府水行政主管部门可以结合本地区实际制定本规定的实施办法，报水利部备案。

第四十二条 本规定自 2005 年 9 月 1 日起施行。

安全生产事故隐患排查治理暂行规定

（国家安监总局令第 16 号　自 2008 年 2 月 1 日起施行）

第一章　总　则

第一条　为了建立安全生产事故隐患排查治理长效机制，强化安全生产主体责任，加强事故隐患监督管理，防止和减少事故，保障人民群众生命财产安全，根据安全生产法等法律、行政法规，制定本规定。

第二条　生产经营单位安全生产事故隐患排查治理和安全生产监督管理部门、煤矿安全监察机构（以下统称安全监管监察部门）实施监管监察，适用本规定。

有关法律、行政法规对安全生产事故隐患排查治理另有规定的，依照其规定。

第三条　本规定所称安全生产事故隐患（以下简称事故隐患），是指生产经营单位违反安全生产法律、法规、规章、标准、规程和安全生产管理制度的规定，或者因其他因素在生产经营活动中存在可能导致事故发生的物的危险状态、人的不安全行为和管理上的缺陷。

事故隐患分为一般事故隐患和重大事故隐患。一般事故隐患，是指危害和整改难度较小，发现后能够立即整改排除的隐患。重大事故隐患，是指危害和整改难度较大，应当全部或者局部停产停业，并经过一定时间整改治理方能排除的隐患，或者因外部因素影响致使生产经营单位自身难以排除的隐患。

第四条　生产经营单位应当建立健全事故隐患排查治理制度。

生产经营单位主要负责人对本单位事故隐患排查治理工作全面负责。

第五条　各级安全监管监察部门按照职责对所辖区域内生产经营单位排查治理事故隐患工作依法实施综合监督管理；各级人民政府有关部门在各自

职责范围内对生产经营单位排查治理事故隐患工作依法实施监督管理。

第六条　任何单位和个人发现事故隐患，均有权向安全监管监察部门和有关部门报告。

安全监管监察部门接到事故隐患报告后，应当按照职责分工立即组织核实并予以查处；发现所报告事故隐患应当由其他有关部门处理的，应当立即移送有关部门并记录备查。

第二章　生产经营单位的职责

第七条　生产经营单位应当依照法律、法规、规章、标准和规程的要求从事生产经营活动。严禁非法从事生产经营活动。

第八条　生产经营单位是事故隐患排查、治理和防控的责任主体。

生产经营单位应当建立健全事故隐患排查治理和建档监控等制度，逐级建立并落实从主要负责人到每个从业人员的隐患排查治理和监控责任制。

第九条　生产经营单位应当保证事故隐患排查治理所需的资金，建立资金使用专项制度。

第十条　生产经营单位应当定期组织安全生产管理人员、工程技术人员和其他相关人员排查本单位的事故隐患。对排查出的事故隐患，应当按照事故隐患的等级进行登记，建立事故隐患信息档案，并按照职责分工实施监控治理。

第十一条　生产经营单位应当建立事故隐患报告和举报奖励制度，鼓励、发动职工发现和排除事故隐患，鼓励社会公众举报。对发现、排除和举报事故隐患的有功人员，应当给予物质奖励和表彰。

第十二条　生产经营单位将生产经营项目、场所、设备发包、出租的，应当与承包、承租单位签订安全生产管理协议，并在协议中明确各方对事故隐患排查、治理和防控的管理职责。生产经营单位对承包、承租单位的事故隐患排查治理负有统一协调和监督管理的职责。

第十三条　安全监管监察部门和有关部门的监督检查人员依法履行事故隐患监督检查职责时，生产经营单位应当积极配合，不得拒绝和阻挠。

第十四条　生产经营单位应当每季、每年对本单位事故隐患排查治理情况进行统计分析，并分别于下一季度 15 日前和下一年 1 月 31 日前向安全监管监察部门和有关部门报送书面统计分析表。统计分析表应当由生产经营单位主要负责人签字。

对于重大事故隐患，生产经营单位除依照前款规定报送外，应当及时向安全监管监察部门和有关部门报告。重大事故隐患报告内容应当包括：

（一）隐患的现状及其产生原因；

（二）隐患的危害程度和整改难易程度分析；

（三）隐患的治理方案。

第十五条　对于一般事故隐患，由生产经营单位（车间、分厂、区队等）负责人或者有关人员立即组织整改。

对于重大事故隐患，由生产经营单位主要负责人组织制定并实施事故隐患治理方案。重大事故隐患治理方案应当包括以下内容：

（一）治理的目标和任务；

（二）采取的方法和措施；

（三）经费和物资的落实；

（四）负责治理的机构和人员；

（五）治理的时限和要求；

（六）安全措施和应急预案。

第十六条　生产经营单位在事故隐患治理过程中，应当采取相应的安全防范措施，防止事故发生。事故隐患排除前或者排除过程中无法保证安全的，应当从危险区域内撤出作业人员，并疏散可能危及的其他人员，设置警戒标志，暂时停产停业或者停止使用；对暂时难以停产或者停止使用的相关生产储存装置、设施、设备，应当加强维护和保养，防止事故发生。

第十七条　生产经营单位应当加强对自然灾害的预防。对于因自然灾害可能导致事故灾难的隐患，应当按照有关法律、法规、标准和本规定的要求排查治理，采取可靠的预防措施，制定应急预案。在接到有关自然灾害预报时，应当及时向下属单位发出预警通知；发生自然灾害可能危及生产经营单位和人员安全的情况时，应当采取撤离人员、停止作业、加强监测等安全措施，并及时向当地人民政府及其有关部门报告。

第十八条　地方人民政府或者安全监管监察部门及有关部门挂牌督办并责令全部或者局部停产停业治理的重大事故隐患，治理工作结束后，有条件的生产经营单位应当组织本单位的技术人员和专家对重大事故隐患的治理情况进行评估；其他生产经营单位应当委托具备相应资质的安全评价机构对重大事故隐患的治理情况进行评估。

经治理后符合安全生产条件的，生产经营单位应当向安全监管监察部门和有关部门提出恢复生产的书面申请，经安全监管监察部门和有关部门审查同意后，方可恢复生产经营。申请报告应当包括治理方案的内容、项目和安全评价机构出具的评价报告等。

第三章　监督管理

第十九条　安全监管监察部门应当指导、监督生产经营单位按照有关法律、法规、规章、标准和规程的要求，建立健全事故隐患排查治理等各项制度。

第二十条　安全监管监察部门应当建立事故隐患排查治理监督检查制度，定期组织对生产经营单位事故隐患排查治理情况开展监督检查；应当加强对重点单位的事故隐患排查治理情况的监督检查。对检查过程中发现的重大事故隐患，应当下达整改指令书，并建立信息管理台账。必要时，报告同级人民政府并对重大事故隐患实行挂牌督办。

安全监管监察部门应当配合有关部门做好对生产经营单位事故隐患排查治理情况开展的监督检查，依法查处事故隐患排查治理的非法和违法行为及其责任者。

安全监管监察部门发现属于其他有关部门职责范围内的重大事故隐患的，应该及时将有关资料移送有管辖权的有关部门，并记录备查。

第二十一条　已经取得安全生产许可证的生产经营单位，在其被挂牌督办的重大事故隐患治理结束前，安全监管监察部门应当加强监督检查。必要时，可以提请原许可证颁发机关依法暂扣其安全生产许可证。

第二十二条　安全监管监察部门应当会同有关部门把重大事故隐患整改纳入重点行业领域的安全专项整治中加以治理，落实相应责任。

第二十三条　对挂牌督办并采取全部或者局部停产停业治理的重大事故隐患，安全监管监察部门收到生产经营单位恢复生产的申请报告后，应当在10日内进行现场审查。审查合格的，对事故隐患进行核销，同意恢复生产经营；审查不合格的，依法责令改正或者下达停产整改指令。对整改无望或者生产经营单位拒不执行整改指令的，依法实施行政处罚；不具备安全生产条件的，依法提请县级以上人民政府按照国务院规定的权限予以关闭。

第二十四条　安全监管监察部门应当每季将本行政区域重大事故隐患的排查治理情况和统计分析表逐级报至省级安全监管监察部门备案。

省级安全监管监察部门应当每半年将本行政区域重大事故隐患的排查治理情况和统计分析表报国家安全生产监督管理总局备案。

第四章　罚　则

第二十五条　生产经营单位及其主要负责人未履行事故隐患排查治理职责，导致发生生产安全事故的，依法给予行政处罚。

第二十六条　生产经营单位违反本规定，有下列行为之一的，由安全监管监察部门给予警告，并处三万元以下的罚款：

（一）未建立安全生产事故隐患排查治理等各项制度的；

（二）未按规定上报事故隐患排查治理统计分析表的；

（三）未制定事故隐患治理方案的；

（四）重大事故隐患不报或者未及时报告的；

（五）未对事故隐患进行排查治理擅自生产经营的；

（六）整改不合格或者未经安全监管监察部门审查同意擅自恢复生产经营的。

第二十七条　承担检测检验、安全评价的中介机构，出具虚假评价证明，尚不够刑事处罚的，没收违法所得，违法所得在五千元以上的，并处违法所得二倍以上五倍以下的罚款，没有违法所得或者违法所得不足五千元的，单处或者并处五千元以上二万元以下的罚款，同时可对其直接负责的主管人员和其他直接责任人员处五千元以上五万元以下的罚款；给他人造成损害的，与生产经营单位承担连带赔偿责任。

对有前款违法行为的机构，撤销其相应的资质。

第二十八条 生产经营单位事故隐患排查治理过程中违反有关安全生产法律、法规、规章、标准和规程规定的，依法给予行政处罚。

第二十九条 安全监管监察部门的工作人员未依法履行职责的，按照有关规定处理。

第五章　附　则

第三十条 省级安全监管监察部门可以根据本规定，制定事故隐患排查治理和监督管理实施细则。

第三十一条 事业单位、人民团体以及其他经济组织的事故隐患排查治理，参照本规定执行。

第三十二条 本规定自 2008 年 2 月 1 日起施行。

生产经营单位安全培训规定

（国家安监总局令第 80 号　自 2006 年 3 月 1 日起施行）

第一章　总　则

第一条　为加强和规范生产经营单位安全培训工作，提高从业人员安全素质，防范伤亡事故，减轻职业危害，根据安全生产法和有关法律、行政法规，制定本规定。

第二条　工矿商贸生产经营单位（以下简称生产经营单位）从业人员的安全培训，适用本规定。

第三条　生产经营单位负责本单位从业人员安全培训工作。

生产经营单位应当按照安全生产法和有关法律、行政法规和本规定，建立健全安全培训工作制度。

第四条　生产经营单位应当进行安全培训的从业人员包括主要负责人、安全生产管理人员、特种作业人员和其他从业人员。

生产经营单位使用被派遣劳动者的，应当将被派遣劳动者纳入本单位从业人员统一管理，对被派遣劳动者进行岗位安全操作规程和安全操作技能的教育和培训。劳务派遣单位应当对被派遣劳动者进行必要的安全生产教育和培训。

生产经营单位接收中等职业学校、高等学校学生实习的，应当对实习学生进行相应的安全生产教育和培训，提供必要的劳动防护用品。学校应当协助生产经营单位对实习学生进行安全生产教育和培训。

生产经营单位从业人员应当接受安全培训，熟悉有关安全生产规章制度和安全操作规程，具备必要的安全生产知识，掌握本岗位的安全操作技能，了解事故应急处理措施，知悉自身在安全生产方面的权利和义务。

未经安全培训合格的从业人员，不得上岗作业。

第五条　国家安全生产监督管理总局指导全国安全培训工作，依法对全国的安全培训工作实施监督管理。

国务院有关主管部门按照各自职责指导监督本行业安全培训工作，并按照本规定制定实施办法。

国家煤矿安全监察局指导监督检查全国煤矿安全培训工作。

各级安全生产监督管理部门和煤矿安全监察机构（以下简称安全生产监管监察部门）按照各自的职责，依法对生产经营单位的安全培训工作实施监督管理。

第二章　主要负责人、安全生产管理人员的安全培训

第六条　生产经营单位主要负责人和安全生产管理人员应当接受安全培训，具备与所从事的生产经营活动相适应的安全生产知识和管理能力。

第七条　生产经营单位主要负责人安全培训应当包括下列内容：

（一）国家安全生产方针、政策和有关安全生产的法律、法规、规章及标准；

（二）安全生产管理基本知识、安全生产技术、安全生产专业知识；

（三）重大危险源管理、重大事故防范、应急管理和救援组织以及事故调查处理的有关规定；

（四）职业危害及其预防措施；

（五）国内外先进的安全生产管理经验；

（六）典型事故和应急救援案例分析；

（七）其他需要培训的内容。

第八条　生产经营单位安全生产管理人员安全培训应当包括下列内容：

（一）国家安全生产方针、政策和有关安全生产的法律、法规、规章及标准；

（二）安全生产管理、安全生产技术、职业卫生等知识；

（三）伤亡事故统计、报告及职业危害的调查处理方法；

（四）应急管理、应急预案编制以及应急处置的内容和要求；

（五）国内外先进的安全生产管理经验；

（六）典型事故和应急救援案例分析；

（七）其他需要培训的内容。

第九条　生产经营单位主要负责人和安全生产管理人员初次安全培训时间不得少于 32 学时。每年再培训时间不得少于 12 学时。

煤矿、非煤矿山、危险化学品、烟花爆竹、金属冶炼等生产经营单位主要负责人和安全生产管理人员初次安全培训时间不得少于 48 学时，每年再培训时间不得少于 16 学时。

第十条　生产经营单位主要负责人和安全生产管理人员的安全培训必须依照安全生产监管监察部门制定的安全培训大纲实施。

非煤矿山、危险化学品、烟花爆竹、金属冶炼等生产经营单位主要负责人和安全生产管理人员的安全培训大纲及考核标准由国家安全生产监督管理总局统一制定。

煤矿主要负责人和安全生产管理人员的安全培训大纲及考核标准由国家煤矿安全监察局制定。

煤矿、非煤矿山、危险化学品、烟花爆竹、金属冶炼以外的其他生产经营单位主要负责人和安全管理人员的安全培训大纲及考核标准，由省、自治区、直辖市安全生产监督管理部门制定。

第三章　其他从业人员的安全培训

第十一条　煤矿、非煤矿山、危险化学品、烟花爆竹、金属冶炼等生产经营单位必须对新上岗的临时工、合同工、劳务工、轮换工、协议工等进行强制性安全培训，保证其具备本岗位安全操作、自救互救以及应急处置所需的知识和技能后，方能安排上岗作业。

第十二条　加工、制造业等生产单位的其他从业人员，在上岗前必须经过厂（矿）、车间（工段、区、队）、班组三级安全培训教育。

生产经营单位应当根据工作性质对其他从业人员进行安全培训，保证其具备本岗位安全操作、应急处置等知识和技能。

第十三条 生产经营单位新上岗的从业人员，岗前安全培训时间不得少于 24 学时。

煤矿、非煤矿山、危险化学品、烟花爆竹、金属冶炼等生产经营单位新上岗的从业人员安全培训时间不得少于 72 学时，每年再培训的时间不得少于 20 学时。

第十四条 厂（矿）级岗前安全培训内容应当包括：

（一）本单位安全生产情况及安全生产基本知识；

（二）本单位安全生产规章制度和劳动纪律；

（三）从业人员安全生产权利和义务；

（四）有关事故案例等。

煤矿、非煤矿山、危险化学品、烟花爆竹、金属冶炼等生产经营单位厂（矿）级安全培训除包括上述内容外，应当增加事故应急救援、事故应急预案演练及防范措施等内容。

第十五条 车间（工段、区、队）级岗前安全培训内容应当包括：

（一）工作环境及危险因素；

（二）所从事工种可能遭受的职业伤害和伤亡事故；

（三）所从事工种的安全职责、操作技能及强制性标准；

（四）自救互救、急救方法、疏散和现场紧急情况的处理；

（五）安全设备设施、个人防护用品的使用和维护；

（六）本车间（工段、区、队）安全生产状况及规章制度；

（七）预防事故和职业危害的措施及应注意的安全事项；

（八）有关事故案例；

（九）其他需要培训的内容。

第十六条 班组级岗前安全培训内容应当包括：

（一）岗位安全操作规程；

（二）岗位之间工作衔接配合的安全与职业卫生事项；

（三）有关事故案例；

（四）其他需要培训的内容。

第十七条 从业人员在本生产经营单位内调整工作岗位或离岗一年以上重新上岗时，应当重新接受车间（工段、区、队）和班组级的安全培训。

生产经营单位实施新工艺、新技术或者使用新设备、新材料时，应当对有关从业人员重新进行有针对性的安全培训。

第十八条 生产经营单位的特种作业人员，必须按照国家有关法律、法规的规定接受专门的安全培训，经考核合格，取得特种作业操作资格证书后，方可上岗作业。

特种作业人员的范围和培训考核管理办法，另行规定。

第四章 安全培训的组织实施

第十九条 生产经营单位从业人员的安全培训工作，由生产经营单位组织实施。

生产经营单位应当坚持以考促学、以讲促学，确保全体从业人员熟练掌握岗位安全生产知识和技能；煤矿、非煤矿山、危险化学品、烟花爆竹、金属冶炼等生产经营单位还应当完善和落实师傅带徒弟制度。

第二十条 具备安全培训条件的生产经营单位，应当以自主培训为主；可以委托具备安全培训条件的机构，对从业人员进行安全培训。

不具备安全培训条件的生产经营单位，应当委托具备安全培训条件的机构，对从业人员进行安全培训。

生产经营单位委托其他机构进行安全培训的，保证安全培训的责任仍由本单位负责。

第二十一条 生产经营单位应当将安全培训工作纳入本单位年度工作计划。保证本单位安全培训工作所需资金。

生产经营单位的主要负责人负责组织制定并实施本单位安全培训计划。

第二十二条 生产经营单位应当建立健全从业人员安全生产教育和培训档案，由生产经营单位的安全生产管理机构以及安全生产管理人员详细、准确记录培训的时间、内容、参加人员以及考核结果等情况。

第二十三条 生产经营单位安排从业人员进行安全培训期间，应当支付工资和必要的费用。

第五章　监督管理

第二十四条　煤矿、非煤矿山、危险化学品、烟花爆竹、金属冶炼等生产经营单位主要负责人和安全生产管理人员，自任职之日起 6 个月内，必须经安全生产监管监察部门对其安全生产知识和管理能力考核合格。

第二十五条　安全生产监管监察部门依法对生产经营单位安全培训情况进行监督检查，督促生产经营单位按照国家有关法律法规和本规定开展安全培训工作。

县级以上地方人民政府负责煤矿安全生产监督管理的部门对煤矿井下作业人员的安全培训情况进行监督检查。煤矿安全监察机构对煤矿特种作业人员安全培训及其持证上岗的情况进行监督检查。

第二十六条　各级安全生产监管监察部门对生产经营单位安全培训及其持证上岗的情况进行监督检查，主要包括以下内容：

（一）安全培训制度、计划的制定及其实施的情况；

（二）煤矿、非煤矿山、危险化学品、烟花爆竹、金属冶炼等生产经营单位主要负责人和安全生产管理人员安全培训以及安全生产知识和管理能力考核的情况；其他生产经营单位主要负责人和安全生产管理人员培训的情况；

（三）特种作业人员操作资格证持证上岗的情况；

（四）建立安全生产教育和培训档案，并如实记录的情况；

（五）对从业人员现场抽考本职工作的安全生产知识；

（六）其他需要检查的内容。

第二十七条　安全生产监管监察部门对煤矿、非煤矿山、危险化学品、烟花爆竹、金属冶炼等生产经营单位的主要负责人、安全管理人员应当按照本规定严格考核。考核不得收费。

安全生产监管监察部门负责考核的有关人员不得玩忽职守和滥用职权。

第二十八条　安全生产监管监察部门检查中发现安全生产教育和培训责

任落实不到位、有关从业人员未经培训合格的，应当视为生产安全事故隐患，责令生产经营单位立即停止违法行为，限期整改，并依法予以处罚。

第六章　罚　　则

第二十九条　生产经营单位有下列行为之一的，由安全生产监管监察部门责令其限期改正，可以处1万元以上3万元以下的罚款：

（一）未将安全培训工作纳入本单位工作计划并保证安全培训工作所需资金的；

（二）从业人员进行安全培训期间未支付工资并承担安全培训费用的。

第三十条　生产经营单位有下列行为之一的，由安全生产监管监察部门责令其限期改正，可以处5万元以下的罚款；逾期未改正的，责令停产停业整顿，并处5万元以上10万元以下的罚款，对其直接负责的主管人员和其他直接责任人员处1万元以上2万元以下的罚款：

（一）煤矿、非煤矿山、危险化学品、烟花爆竹、金属冶炼等生产经营单位主要负责人和安全管理人员未按照规定经考核合格的；

（二）未按照规定对从业人员、被派遣劳动者、实习学生进行安全生产教育和培训或者未如实告知其有关安全生产事项的；

（三）未如实记录安全生产教育和培训情况的；

（四）特种作业人员未按照规定经专门的安全技术培训并取得特种作业人员操作资格证书，上岗作业的。

县级以上地方人民政府负责煤矿安全生产监督管理的部门发现煤矿未按照本规定对井下作业人员进行安全培训的，责令限期改正，处10万元以上50万元以下的罚款；逾期未改正的，责令停产停业整顿。

煤矿安全监察机构发现煤矿特种作业人员无证上岗作业的，责令限期改正，处10万元以上50万元以下的罚款；逾期未改正的，责令停产停业整顿。

第三十一条　安全生产监管监察部门有关人员在考核、发证工作中玩忽职守、滥用职权的，由上级安全生产监管监察部门或者行政监察部门给予记过、记大过的行政处分。

第七章　附　则

第三十二条　生产经营单位主要负责人是指有限责任公司或者股份有限公司的董事长、总经理，其他生产经营单位的厂长、经理、（矿务局）局长、矿长（含实际控制人）等。

生产经营单位安全生产管理人员是指生产经营单位分管安全生产的负责人、安全生产管理机构负责人及其管理人员，以及未设安全生产管理机构的生产经营单位专、兼职安全生产管理人员等。

生产经营单位其他从业人员是指除主要负责人、安全生产管理人员和特种作业人员以外，该单位从事生产经营活动的所有人员，包括其他负责人、其他管理人员、技术人员和各岗位的工人以及临时聘用的人员。

第三十三条　省、自治区、直辖市安全生产监督管理部门和省级煤矿安全监察机构可以根据本规定制定实施细则，报国家安全生产监督管理总局和国家煤矿安全监察局备案。

第三十四条　本规定自 2006 年 3 月 1 日起施行。

劳动防护用品监督管理规定

（国家安监总局令第 1 号　自 2005 年 9 月 1 日起施行）

第一章　总　则

第一条　为加强和规范劳动防护用品的监督管理，保障从业人员的安全与健康，根据安全生产法及有关法律、行政法规，制定本规定。

第二条　在中华人民共和国境内生产、检验、经营和使用劳动防护用品，适用本规定。

第三条　本规定所称劳动防护用品，是指由生产经营单位为从业人员配备的，使其在劳动过程中免遭或者减轻事故伤害及职业危害的个人防护装备。

第四条　劳动防护用品分为特种劳动防护用品和一般劳动防护用品。

特种劳动防护用品目录由国家安全生产监督管理总局确定并公布；未列入目录的劳动防护用品为一般劳动防护用品。

第五条　国家安全生产监督管理总局对全国劳动防护用品的生产、检验、经营和使用的情况实施综合监督管理。

省级安全生产监督管理部门对本行政区域内劳动防护用品的生产、检验、经营和使用的情况实施综合监督管理。

煤矿安全监察机构对监察区域内煤矿企业劳动防护用品使用情况实施监察。

第六条　特种劳动防护用品实行安全标志管理。特种劳动防护用品安全标志管理工作由国家安全生产监督管理总局指定的特种劳动防护用品安全标志管理机构实施，受指定的特种劳动防护用品安全标志管理机构对其核发的安全标志负责。

第二章　劳动防护用品的生产、检验、经营

第七条　生产劳动防护用品的企业应当具备下列条件：

（一）有工商行政管理部门核发的营业执照；

（二）有满足生产需要的生产场所和技术人员；

（三）有保证产品安全防护性能的生产设备；

（四）有满足产品安全防护性能要求的检验与测试手段；

（五）有完善的质量保证体系；

（六）有产品标准和相关技术文件；

（七）产品符合国家标准或者行业标准的要求；

（八）法律、法规规定的其他条件。

第八条　生产劳动防护用品的企业应当按其产品所依据的国家标准或者行业标准进行生产和自检，出具产品合格证，并对产品的安全防护性能负责。

第九条　新研制和开发的劳动防护用品，应当对其安全防护性能进行严格的科学试验，并经具有安全生产检测检验资质的机构（以下简称检测检验机构）检测检验合格后，方可生产、使用。

第十条　生产劳动防护用品的企业生产的特种劳动防护用品，必须取得特种劳动防护用品安全标志。

第十一条　检测检验机构必须取得国家安全生产监督管理总局认可的安全生产检测检验资质，并在批准的业务范围内开展劳动防护用品检测检验工作。

第十二条　检测检验机构应当严格按照有关标准和规范对劳动防护用品的安全防护性能进行检测检验，并对所出具的检测检验报告负责。

第十三条　经营劳动防护用品的单位应有工商行政管理部门核发的营业执照、有满足需要的固定场所和了解相关防护用品知识的人员。经营劳动防护用品的单位不得经营假冒伪劣劳动防护用品和无安全标志的特种劳动防护用品。

第三章　劳动防护用品的配备与使用

第十四条　生产经营单位应当按照《劳动防护用品选用规则》（GB11651）和国家颁发的劳动防护用品配备标准以及有关规定，为从业人员配备劳动防护用品。

第十五条　生产经营单位应当安排用于配备劳动防护用品的专项经费。

生产经营单位不得以货币或者其他物品替代应当按规定配备的劳动防护用品。

第十六条　生产经营单位为从业人员提供的劳动防护用品，必须符合国家标准或者行业标准，不得超过使用期限。

生产经营单位应当督促、教育从业人员正确佩戴和使用劳动防护用品。

第十七条　生产经营单位应当建立健全劳动防护用品的采购、验收、保管、发放、使用、报废等管理制度。

第十八条　生产经营单位不得采购和使用无安全标志的特种劳动防护用品；购买的特种劳动防护用品须经本单位的安全生产技术部门或者管理人员检查验收。

第十九条　从业人员在作业过程中，必须按照安全生产规章制度和劳动防护用品使用规则，正确佩戴和使用劳动防护用品；未按规定佩戴和使用劳动防护用品的，不得上岗作业。

第四章　监督管理

第二十条　安全生产监督管理部门、煤矿安全监察机构依法对劳动防护用品使用情况和特种劳动防护用品安全标志进行监督检查，督促生产经营单位按照国家有关规定为从业人员配备符合国家标准或者行业标准的劳动防护用品。

第二十一条　安全生产监督管理部门、煤矿安全监察机构对有下列行为之一的生产经营单位，应当依法查处：

（一）不配发劳动防护用品的；

（二）不按有关规定或者标准配发劳动防护用品的；

（三）配发无安全标志的特种劳动防护用品的；

（四）配发不合格的劳动防护用品的；

（五）配发超过使用期限的劳动防护用品的；

（六）劳动防护用品管理混乱，由此对从业人员造成事故伤害及职业危害的；

（七）生产或者经营假冒伪劣劳动防护用品和无安全标志的特种劳动防护用品的；

（八）其他违反劳动防护用品管理有关法律、法规、规章、标准的行为。

第二十二条　特种劳动防护用品安全标志管理机构及其工作人员应当坚持公开、公平、公正的原则，严格审查、核发安全标志，并应接受安全生产监督管理部门、煤矿安全监察机构的监督。

第二十三条　生产经营单位的从业人员有权依法向本单位提出配备所需劳动防护用品的要求；有权对本单位劳动防护用品管理的违法行为提出批评、检举、控告。

安全生产监督管理部门、煤矿安全监察机构对从业人员提出的批评、检举、控告，经查实后应当依法处理。

第二十四条　生产经营单位应当接受工会的监督。工会对生产经营单位劳动防护用品管理的违法行为有权要求纠正，并对纠正情况进行监督。

第五章　罚　则

第二十五条　生产经营单位未按国家有关规定为从业人员提供符合国家标准或者行业标准的劳动防护用品，有本规定第二十一条第（一）（二）（三）（四）（五）（六）项行为的，安全生产监督管理部门或者煤矿安全监察机构责令限期改正；逾期未改正的，责令停产停业整顿，可以并处五万元以下的罚款；造成严重后果，构成犯罪的，依法追究刑事责任。

第二十六条　生产或者经营劳动防护用品的企业或者单位有本规定第二

十一条第（七）（八）项行为的，安全生产监督管理部门或者煤矿安全监察机构责令停止违法行为，可以并处三万元以下的罚款。

第二十七条　检测检验机构出具虚假证明，构成犯罪的，依照刑法有关规定追究刑事责任；尚不够刑事处罚的，由安全生产监督管理部门没收违法所得，违法所得在五千元以上的，并处违法所得二倍以上五倍以下罚款，没有违法所得或者违法所得不足五千元的，单处或者并处五千元以上二万元以下的罚款，对其直接负责的主管人员和直接责任人员处五千元以上五万元以下的罚款；给他人造成损害的，与生产经营单位承担连带赔偿责任。

对有前款违法行为的检测检验机构，由国家安全生产监督管理总局撤销其检测检验资质。

第二十八条　特种劳动防护用品安全标志管理机构的工作人员滥用职权、玩忽职守、弄虚作假、徇私舞弊的，依照有关规定给予行政处分；构成犯罪的，依法追究刑事责任。

第六章　附　则

第二十九条　进口的一般劳动防护用品的安全防护性能不得低于我国相关标准，并向国家安全生产监督管理总局指定的特种劳动防护用品安全标志管理机构申请办理准用手续；进口的特种劳动防护用品应当按照本规定取得安全标志。

第三十条　各省、自治区、直辖市安全生产监督管理部门可以根据本规定，制定劳动防护用品监督管理实施细则，并报国家安全生产监督管理总局备案。

第三十一条　本规定自 2005 年 9 月 1 日起施行。

生产安全事故应急预案管理办法

（国家安监总局令第 88 号　自 2016 年 7 月 1 日起施行）

第一章　总　则

第一条　为规范生产安全事故应急预案管理工作，迅速有效处置生产安全事故，依据《中华人民共和国突发事件应对法》、《中华人民共和国安全生产法》等法律和《突发事件应急预案管理办法》（国办发〔2013〕101号），制定本办法。

第二条　生产安全事故应急预案（以下简称应急预案）的编制、评审、公布、备案、宣传、教育、培训、演练、评估、修订及监督管理工作，适用本办法。

第三条　应急预案的管理实行属地为主、分级负责、分类指导、综合协调、动态管理的原则。

第四条　国家安全生产监督管理总局负责全国应急预案的综合协调管理工作。

县级以上地方各级安全生产监督管理部门负责本行政区域内应急预案的综合协调管理工作。县级以上地方各级其他负有安全生产监督管理职责的部门按照各自的职责负责有关行业、领域应急预案的管理工作。

第五条　生产经营单位主要负责人负责组织编制和实施本单位的应急预案，并对应急预案的真实性和实用性负责；各分管负责人应当按照职责分工落实应急预案规定的职责。

第六条　生产经营单位应急预案分为综合应急预案、专项应急预案和现场处置方案。

综合应急预案，是指生产经营单位为应对各种生产安全事故而制定的综合性工作方案，是本单位应对生产安全事故的总体工作程序、措施和应急预案体系的总纲。

专项应急预案，是指生产经营单位为应对某一种或者多种类型生产安全事故，或者针对重要生产设施、重大危险源、重大活动防止生产安全事故而制定的专项性工作方案。

现场处置方案，是指生产经营单位根据不同生产安全事故类型，针对具体场所、装置或者设施所制定的应急处置措施。

第二章　应急预案的编制

第七条　应急预案的编制应当遵循以人为本、依法依规、符合实际、注重实效的原则，以应急处置为核心，明确应急职责、规范应急程序、细化保障措施。

第八条　应急预案的编制应当符合下列基本要求：

（一）有关法律、法规、规章和标准的规定；

（二）本地区、本部门、本单位的安全生产实际情况；

（三）本地区、本部门、本单位的危险性分析情况；

（四）应急组织和人员的职责分工明确，并有具体的落实措施；

（五）有明确、具体的应急程序和处置措施，并与其应急能力相适应；

（六）有明确的应急保障措施，满足本地区、本部门、本单位的应急工作需要；

（七）应急预案基本要素齐全、完整，应急预案附件提供的信息准确；

（八）应急预案内容与相关应急预案相互衔接。

第九条　编制应急预案应当成立编制工作小组，由本单位有关负责人任组长，吸收与应急预案有关的职能部门和单位的人员，以及有现场处置经验的人员参加。

第十条　编制应急预案前，编制单位应当进行事故风险评估和应急资源调查。

事故风险评估，是指针对不同事故种类及特点，识别存在的危险危害因素，分析事故可能产生的直接后果以及次生、衍生后果，评估各种后果的危害程度和影响范围，提出防范和控制事故风险措施的过程。

应急资源调查，是指全面调查本地区、本单位第一时间可以调用的应急资源状况和合作区域内可以请求援助的应急资源状况，并结合事故风险评估结论制定应急措施的过程。

第十一条 地方各级安全生产监督管理部门应当根据法律、法规、规章和同级人民政府以及上一级安全生产监督管理部门的应急预案，结合工作实际，组织编制相应的部门应急预案。

部门应急预案应当根据本地区、本部门的实际情况，明确信息报告、响应分级、指挥权移交、警戒疏散等内容。

第十二条 生产经营单位应当根据有关法律、法规、规章和相关标准，结合本单位组织管理体系、生产规模和可能发生的事故特点，确立本单位的应急预案体系，编制相应的应急预案，并体现自救互救和先期处置等特点。

第十三条 生产经营单位风险种类多、可能发生多种类型事故的，应当组织编制综合应急预案。

综合应急预案应当规定应急组织机构及其职责、应急预案体系、事故风险描述、预警及信息报告、应急响应、保障措施、应急预案管理等内容。

第十四条 对于某一种或者多种类型的事故风险，生产经营单位可以编制相应的专项应急预案，或将专项应急预案并入综合应急预案。

专项应急预案应当规定应急指挥机构与职责、处置程序和措施等内容。

第十五条 对于危险性较大的场所、装置或者设施，生产经营单位应当编制现场处置方案。

现场处置方案应当规定应急工作职责、应急处置措施和注意事项等内容。

事故风险单一、危险性小的生产经营单位，可以只编制现场处置方案。

第十六条 生产经营单位应急预案应当包括向上级应急管理机构报告的内容、应急组织机构和人员的联系方式、应急物资储备清单等附件信息。附件信息发生变化时，应当及时更新，确保准确有效。

第十七条 生产经营单位组织应急预案编制过程中，应当根据法律、法规、规章的规定或者实际需要，征求相关应急救援队伍、公民、法人或其他组织的意见。

第十八条　生产经营单位编制的各类应急预案之间应当相互衔接，并与相关人民政府及其部门、应急救援队伍和涉及的其他单位的应急预案相衔接。

第十九条　生产经营单位应当在编制应急预案的基础上，针对工作场所、岗位的特点，编制简明、实用、有效的应急处置卡。

应急处置卡应当规定重点岗位、人员的应急处置程序和措施，以及相关联络人员和联系方式，便于从业人员携带。

第三章　应急预案的评审、公布和备案

第二十条　地方各级安全生产监督管理部门应当组织有关专家对本部门编制的部门应急预案进行审定；必要时，可以召开听证会，听取社会有关方面的意见。

第二十一条　矿山、金属冶炼、建筑施工企业和易燃易爆物品、危险化学品的生产、经营（带储存设施的，下同）、储存企业，以及使用危险化学品达到国家规定数量的化工企业、烟花爆竹生产、批发经营企业和中型规模以上的其他生产经营单位，应当对本单位编制的应急预案进行评审，并形成书面评审纪要。

前款规定以外的其他生产经营单位应当对本单位编制的应急预案进行论证。

第二十二条　参加应急预案评审的人员应当包括有关安全生产及应急管理方面的专家。

评审人员与所评审应急预案的生产经营单位有利害关系的，应当回避。

第二十三条　应急预案的评审或者论证应当注重基本要素的完整性、组织体系的合理性、应急处置程序和措施的针对性、应急保障措施的可行性、应急预案的衔接性等内容。

第二十四条　生产经营单位的应急预案经评审或者论证后，由本单位主

要负责人签署公布，并及时发放到本单位有关部门、岗位和相关应急救援队伍。

事故风险可能影响周边其他单位、人员的，生产经营单位应当将有关事故风险的性质、影响范围和应急防范措施告知周边的其他单位和人员。

第二十五条 地方各级安全生产监督管理部门的应急预案，应当报同级人民政府备案，并抄送上一级安全生产监督管理部门。

其他负有安全生产监督管理职责的部门的应急预案，应当抄送同级安全生产监督管理部门。

第二十六条 生产经营单位应当在应急预案公布之日起20个工作日内，按照分级属地原则，向安全生产监督管理部门和有关部门进行告知性备案。

中央企业总部（上市公司）的应急预案，报国务院主管的负有安全生产监督管理职责的部门备案，并抄送国家安全生产监督管理总局；其所属单位的应急预案报所在地的省、自治区、直辖市或者设区的市级人民政府主管的负有安全生产监督管理职责的部门备案，并抄送同级安全生产监督管理部门。

前款规定以外的非煤矿山、金属冶炼和危险化学品生产、经营、储存企业，以及使用危险化学品达到国家规定数量的化工企业、烟花爆竹生产、批发经营企业的应急预案，按照隶属关系报所在地县级以上地方人民政府安全生产监督管理部门备案；其他生产经营单位应急预案的备案，由省、自治区、直辖市人民政府负有安全生产监督管理职责的部门确定。

油气输送管道运营单位的应急预案，除按照本条第一款、第二款的规定备案外，还应当抄送所跨行政区域的县级安全生产监督管理部门。

煤矿企业的应急预案除按照本条第一款、第二款的规定备案外，还应当抄送所在地的煤矿安全监察机构。

第二十七条 生产经营单位申报应急预案备案，应当提交下列材料：

（一）应急预案备案申报表；

（二）应急预案评审或者论证意见；

（三）应急预案文本及电子文档；

（四）风险评估结果和应急资源调查清单。

第二十八条　受理备案登记的负有安全生产监督管理职责的部门应当在5个工作日内对应急预案材料进行核对，材料齐全的，应当予以备案并出具应急预案备案登记表；材料不齐全的，不予备案并一次性告知需要补齐的材料。逾期不予备案又不说明理由的，视为已经备案。

对于实行安全生产许可的生产经营单位，已经进行应急预案备案的，在申请安全生产许可证时，可以不提供相应的应急预案，仅提供应急预案备案登记表。

第二十九条　各级安全生产监督管理部门应当建立应急预案备案登记建档制度，指导、督促生产经营单位做好应急预案的备案登记工作。

第四章　应急预案的实施

第三十条　各级安全生产监督管理部门、各类生产经营单位应当采取多种形式开展应急预案的宣传教育，普及生产安全事故避险、自救和互救知识，提高从业人员和社会公众的安全意识与应急处置技能。

第三十一条　各级安全生产监督管理部门应当将本部门应急预案的培训纳入安全生产培训工作计划，并组织实施本行政区域内重点生产经营单位的应急预案培训工作。

生产经营单位应当组织开展本单位的应急预案、应急知识、自救互救和避险逃生技能的培训活动，使有关人员了解应急预案内容，熟悉应急职责、应急处置程序和措施。

应急培训的时间、地点、内容、师资、参加人员和考核结果等情况应当如实记入本单位的安全生产教育和培训档案。

第三十二条　各级安全生产监督管理部门应当定期组织应急预案演练，提高本部门、本地区生产安全事故应急处置能力。

第三十三条　生产经营单位应当制定本单位的应急预案演练计划，根据本单位的事故风险特点，每年至少组织一次综合应急预案演练或者专项应急预案演练，每半年至少组织一次现场处置方案演练。

第三十四条 应急预案演练结束后，应急预案演练组织单位应当对应急预案演练效果进行评估，撰写应急预案演练评估报告，分析存在的问题，并对应急预案提出修订意见。

第三十五条 应急预案编制单位应当建立应急预案定期评估制度，对预案内容的针对性和实用性进行分析，并对应急预案是否需要修订作出结论。

矿山、金属冶炼、建筑施工企业和易燃易爆物品、危险化学品等危险物品的生产、经营、储存企业、使用危险化学品达到国家规定数量的化工企业、烟花爆竹生产、批发经营企业和中型规模以上的其他生产经营单位，应当每三年进行一次应急预案评估。

应急预案评估可以邀请相关专业机构或者有关专家、有实际应急救援工作经验的人员参加，必要时可以委托安全生产技术服务机构实施。

第三十六条 有下列情形之一的，应急预案应当及时修订并归档：

（一）依据的法律、法规、规章、标准及上位预案中的有关规定发生重大变化的；

（二）应急指挥机构及其职责发生调整的；

（三）面临的事故风险发生重大变化的；

（四）重要应急资源发生重大变化的；

（五）预案中的其他重要信息发生变化的；

（六）在应急演练和事故应急救援中发现问题需要修订的；

（七）编制单位认为应当修订的其他情况。

第三十七条 应急预案修订涉及组织指挥体系与职责、应急处置程序、主要处置措施、应急响应分级等内容变更的，修订工作应当参照本办法规定的应急预案编制程序进行，并按照有关应急预案报备程序重新备案。

第三十八条 生产经营单位应当按照应急预案的规定，落实应急指挥体系、应急救援队伍、应急物资及装备，建立应急物资、装备配备及其使用档案，并对应急物资、装备进行定期检测和维护，使其处于适用状态。

第三十九条 生产经营单位发生事故时，应当第一时间启动应急响应，组织有关力量进行救援，并按照规定将事故信息及应急响应启动情况报告安全生产监督管理部门和其他负有安全生产监督管理职责的部门。

第四十条 生产安全事故应急处置和应急救援结束后，事故发生单位应当对应急预案实施情况进行总结评估。

第五章 监督管理

第四十一条 各级安全生产监督管理部门和煤矿安全监察机构应当将生产经营单位应急预案工作纳入年度监督检查计划，明确检查的重点内容和标准，并安全按照计划开展执法检查。

第四十二条 地方各级安全生产监督管理部门应当每年对应急预案的监督管理工作情况进行总结，并报上一级安全生产监督管理部门。

第四十三条 对于在应急预案管理工作中做出显著成绩的单位和人员，安全生产监督管理部门、生产经营单位可以给予表彰和奖励。

第六章 法律责任

第四十四条 生产经营单位有下列情形之一的，由县级以上安全生产监督管理部门依照《中华人民共和国安全生产法》第九十四条的规定，责令限期改正，可以处5万元以下罚款；逾期未改正的，责令停产停业整顿，并处5万元以上10万元以下罚款，对直接负责的主管人员和其他直接责任人员处1万元以上2万元以下的罚款：

（一）未按照规定编制应急预案的；

（二）未按照规定定期组织应急预案演练的。

第四十五条 生产经营单位有下列情形之一的，由县级以上安全生产监督管理部门责令限期改正，可以处1万元以上3万元以下罚款：

（一）在应急预案编制前未按照规定开展风险评估和应急资源调查的；

（二）未按照规定开展应急预案评审或者论证的；

（三）未按照规定进行应急预案备案的；

（四）事故风险可能影响周边单位、人员的，未将事故风险的性质、影响范围和应急防范措施告知周边单位和人员的；

（五）未按照规定开展应急预案评估的；

（六）未按照规定进行应急预案修订并重新备案的；

（七）未落实应急预案规定的应急物资及装备的。

第七章　附　则

第四十六条　《生产经营单位生产安全事故应急预案备案申报表》和《生产经营单位生产安全事故应急预案备案登记表》由国家安全生产应急救援指挥中心统一制定。

第四十七条　各省、自治区、直辖市安全生产监督管理部门可以依据本办法的规定，结合本地区实际制定实施细则。

第四十八条　本办法自 2016 年 7 月 1 日起施行。

建设项目安全设施"三同时"监督管理暂行办法

（国家安监总局令第 36 号　自 2011 年 2 月 1 日起施行）

第一章　总　则

第一条　为加强建设项目安全管理，预防和减少生产安全事故，保障从业人员生命和财产安全，根据《中华人民共和国安全生产法》和《国务院关于进一步加强企业安全生产工作的通知》等法律、行政法规和规定，制定本办法。

第二条　经县级以上人民政府及其有关主管部门依法审批、核准或者备案的生产经营单位新建、改建、扩建工程项目（以下统称建设项目）安全设施的建设及其监督管理，适用本办法。

法律、行政法规及国务院对建设项目安全设施建设及其监督管理另有规定的，依照其规定。

第三条　本办法所称的建设项目安全设施，是指生产经营单位在生产经营活动中用于预防生产安全事故的设备、设施、装置、构（建）筑物和其他技术措施的总称。

第四条　生产经营单位是建设项目安全设施建设的责任主体。建设项目安全设施必须与主体工程同时设计、同时施工、同时投入生产和使用（以下简称"三同时"）。安全设施投资应当纳入建设项目概算。

第五条　国家安全生产监督管理总局对全国建设项目安全设施"三同时"实施综合监督管理，并在国务院规定的职责范围内承担有关建设项目安全设施"三同时"的监督管理。

县级以上地方各级安全生产监督管理部门对本行政区域内的建设项目安全设施"三同时"实施综合监督管理，并在本级人民政府规定的职责范围内承担本级人民政府及其有关主管部门审批、核准或者备案的建设项目安全设施"三同时"的监督管理。

跨两个及两个以上行政区域的建设项目安全设施"三同时"由其共同的上一级人民政府安全生产监督管理部门实施监督管理。

上一级人民政府安全生产监督管理部门根据工作需要，可以将其负责监督管理的建设项目安全设施"三同时"工作委托下一级人民政府安全生产监督管理部门实施监督管理。

第六条 安全生产监督管理部门应当加强建设项目安全设施建设的日常安全监管，落实有关行政许可及其监管责任，督促生产经营单位落实安全设施建设责任。

第二章 建设项目安全预评价

第七条 下列建设项目在进行可行性研究时，生产经营单位应当按照国家规定，进行安全预评价：

（一）非煤矿矿山建设项目；

（二）生产、储存危险化学品（包括使用长输管道输送危险化学品，下同）的建设项目；

（三）生产、储存烟花爆竹的建设项目；

（四）金属冶炼建设项目；

（五）使用危险化学品从事生产并且使用量达到规定数量的化工建设项目（属于危险化学品生产的除外，下同）；

（六）法律、行政法规和国务院规定的其他建设项目。

第八条 生产经营单位应当委托具有相应资质的安全评价机构，对其建设项目进行安全预评价，并编制安全预评价报告。

建设项目安全预评价报告应当符合国家标准或者行业标准的规定。

生产、储存危险化学品的建设项目和化工建设项目安全预评价报告除符合本条第二款的规定外，还应当符合有关危险化学品建设项目的规定。

第九条 本办法第七条规定以外的其他建设项目，生产经营单位应当对其安全生产条件和设施进行综合分析，形成书面报告备查。

第三章　建设项目安全设施设计审查

第十条　生产经营单位在建设项目初步设计时，应当委托有相应资质的设计单位对建设项目安全设施同时进行设计，编制安全设施设计。

安全设施设计必须符合有关法律、法规、规章和国家标准或者行业标准、技术规范的规定，并尽可能采用先进适用的工艺、技术和可靠的设备、设施。本办法第七条规定的建设项目安全设施设计还应当充分考虑建设项目安全预评价报告提出的安全对策措施。

安全设施设计单位、设计人应当对其编制的设计文件负责。

第十一条　建设项目安全设施设计应当包括下列内容：

（一）设计依据；

（二）建设项目概述；

（三）建设项目潜在的危险、有害因素和危险、有害程度及周边环境安全分析；

（四）建筑及场地布置；

（五）重大危险源分析及检测监控；

（六）安全设施设计采取的防范措施；

（七）安全生产管理机构设置或者安全生产管理人员配备要求；

（八）从业人员安全生产教育和培训要求；

（九）工艺、技术和设备、设施的先进性和可靠性分析；

（十）安全设施专项投资概算；

（十一）安全预评价报告中的安全对策及建议采纳情况；

（十二）预期效果以及存在的问题与建议；

（十三）可能出现的事故预防及应急救援措施；

（十四）法律、法规、规章、标准规定需要说明的其他事项。

第十二条　本办法第七条第（一）项、第（二）项、第（三）项、第（四）项规定的建设项目安全设施设计完成后，生产经营单位应当按照本办法第五条的规定向安全生产监督管理部门提出审查申请，并提交下列文件资料：

（一）建设项目审批、核准或者备案的文件；

（二）建设项目安全设施设计审查申请；

（三）设计单位的设计资质证明文件；

（四）建设项目安全设施设计；

（五）建设项目安全预评价报告及相关文件资料；

（六）法律、行政法规、规章规定的其他文件资料。

安全生产监督管理部门收到申请后，对属于本部门职责范围内的，应当及时进行审查，并在收到申请后 5 个工作日内作出受理或者不予受理的决定，书面告知申请人；对不属于本部门职责范围内的，应当将有关文件资料转送有审查权的安全生产监督管理部门，并书面告知申请人。

第十三条 对已经受理的建设项目安全设施设计审查申请，安全生产监督管理部门应当自受理之日起 20 个工作日内作出是否批准的决定，并书面告知申请人。20 个工作日内不能作出决定的，经本部门负责人批准，可以延长 10 个工作日，并应当将延长期限的理由书面告知申请人。

第十四条 建设项目安全设施设计有下列情形之一的，不予批准，并不得开工建设：

（一）无建设项目审批、核准或者备案文件的；

（二）未委托具有相应资质的设计单位进行设计的；

（三）安全预评价报告由未取得相应资质的安全评价机构编制的；

（四）设计内容不符合有关安全生产的法律、法规、规章和国家标准或者行业标准、技术规范的规定的；

（五）未采纳安全预评价报告中的安全对策和建议，且未作充分论证说明的；

（六）不符合法律、行政法规规定的其他条件的。

建设项目安全设施设计审查未予批准的，生产经营单位经过整改后可以向原审查部门申请再审。

第十五条　已经批准的建设项目及其安全设施设计有下列情形之一的，生产经营单位应当报原批准部门审查同意；未经审查同意的，不得开工建设：

（一）建设项目的规模、生产工艺、原料、设备发生重大变更的；

（二）改变安全设施设计且可能降低安全性能的；

（三）在施工期间重新设计的。

第十六条　本办法第七条第（一）项、第（二）项、第（三）项和第（四）项规定以外的建设项目安全设施设计，由生产经营单位组织审查，形成书面报告备查。

第四章　建设项目安全设施施工和竣工验收

第十七条　建设项目安全设施的施工应当由取得相应资质的施工单位进行，并与建设项目主体工程同时施工。

施工单位应当在施工组织设计中编制安全技术措施和施工现场临时用电方案，同时对危险性较大的分部分项工程依法编制专项施工方案，并附具安全验算结果，经施工单位技术负责人、总监理工程师签字后实施。

施工单位应当严格按照安全设施设计和相关施工技术标准、规范施工，并对安全设施的工程质量负责。

第十八条　施工单位发现安全设施设计文件有错漏的，应当及时向生产经营单位、设计单位提出。生产经营单位、设计单位应当及时处理。

施工单位发现安全设施存在重大事故隐患时，应当立即停止施工并报告生产经营单位进行整改。整改合格后，方可恢复施工。

第十九条　工程监理单位应当审查施工组织设计中的安全技术措施或者专项施工方案是否符合工程建设强制性标准。

工程监理单位在实施监理过程中，发现存在事故隐患的，应当要求施工单位整改；情况严重的，应当要求施工单位暂时停止施工，并及时报告生产经营单位。施工单位拒不整改或者不停止施工的，工程监理单位应当及时向有关主管部门报告。

工程监理单位、监理人员应当按照法律、法规和工程建设强制性标准实施监理，并对安全设施工程的工程质量承担监理责任。

第二十条 建设项目安全设施建成后，生产经营单位应当对安全设施进行检查，对发现的问题及时整改。

第二十一条 本办法第七条规定的建设项目竣工后，根据规定建设项目需要试运行（包括生产、使用，下同）的，应当在正式投入生产或者使用前进行试运行。

试运行时间应当不少于 30 日，最长不得超过 180 日，国家有关部门有规定或者特殊要求的行业除外。

生产、储存危险化学品的建设项目和化工建设项目，应当在建设项目试运行前将试运行方案报负责建设项目安全许可的安全生产监督管理部门备案。

第二十二条 本办法第七条规定的建设项目安全设施竣工或者试运行完成后，生产经营单位应当委托具有相应资质的安全评价机构对安全设施进行验收评价，并编制建设项目安全验收评价报告。

建设项目安全验收评价报告应当符合国家标准或者行业标准的规定。

生产、储存危险化学品的建设项目和化工建设项目安全验收评价报告除符合本条第二款的规定外，还应当符合有关危险化学品建设项目的规定。

第二十三条 建设项目竣工投入生产或者使用前，生产经营单位应当组织对安全设施进行竣工验收，并形成书面报告备查。安全设施竣工验收合格后，方可投入生产和使用。

安全监管部门应当按照下列方式之一对本办法第七条第（一）项、第（二）项、第（三）项和第（四）项规定建设项目的竣工验收活动和验收结果的监督核查：

（一）对安全设施竣工验收报告按照不少于总数10%的比例进行随机抽查；

（二）在实施有关安全许可时，对建设项目安全设施竣工验收报告进行审查。

抽查和审查以书面方式为主。对竣工验收报告的实质内容存在疑问，需要到现场核查的，安全监管部门应当指派两名以上工作人员对有关内容进行现场核查。工作人员应当提出现场核查意见，并如实记录在案。

第二十四条　建设项目的安全设施有下列情形之一的，建设单位不得通过竣工验收，并不得投入生产或者使用：

（一）未选择具有相应资质的施工单位施工的；

（二）未按照建设项目安全设施设计文件施工或者施工质量未达到建设项目安全设施设计文件要求的；

（三）建设项目安全设施的施工不符合国家有关施工技术标准的；

（四）未选择具有相应资质的安全评价机构进行安全验收评价或者安全验收评价不合格的；

（五）安全设施和安全生产条件不符合有关安全生产法律、法规、规章和国家标准或者行业标准、技术规范规定的；

（六）发现建设项目试运行期间存在事故隐患未整改的；

（七）未依法设置安全生产管理机构或者配备安全生产管理人员的；

（八）从业人员未经过安全生产教育和培训或者不具备相应资格的；

（九）不符合法律、行政法规规定的其他条件的。

第二十五条　生产经营单位应当按照档案管理的规定，建立建设项目安全设施"三同时"文件资料档案，并妥善保存。

第二十六条　建设项目安全设施未与主体工程同时设计、同时施工或者同时投入使用的，安全生产监督管理部门对与此有关的行政许可一律不予审批，同时责令生产经营单位立即停止施工、限期改正违法行为，对有关生产经营单位和人员依法给予行政处罚。

第五章　法律责任

第二十七条　建设项目安全设施"三同时"违反本办法的规定，安全生产监督管理部门及其工作人员给予审批通过或者颁发有关许可证的，依法给予行政处分。

第二十八条 生产经营单位对本办法第七条第（一）项、第（二）项、第（三）项和第（四）项规定的建设项目有下列情形之一的，责令停止建设或者停产停业整顿，限期改正；逾期未改正的，处 50 万元以上 100 万元以下的罚款，对其直接负责的主管人员和其他直接责任人员处 2 万元以上 5 万元以下的罚款；构成犯罪的，依照刑法有关规定追究刑事责任：

（一）未按照本办法规定对建设项目进行安全评价的；

（二）没有安全设施设计或者安全设施设计未按照规定报经安全生产监督管理部门审查同意，擅自开工的；

（三）施工单位未按照批准的安全设施设计施工的；

（四）投入生产或者使用前，安全设施未经验收合格的。

第二十九条 已经批准的建设项目安全设施设计发生重大变更，生产经营单位未报原批准部门审查同意擅自开工建设的，责令限期改正，可以并处 1 万元以上 3 万元以下的罚款。

第三十条 本办法第七条第（一）项、第（二）项、第（三）项和第（四）项规定以外的建设项目有下列情形之一的，对有关生产经营单位责令限期改正，可以并处 5000 元以上 3 万元以下的罚款：

（一）没有安全设施设计的；

（二）安全设施设计未组织审查，并形成书面审查报告的；

（三）施工单位未按照安全设施设计施工的；

（四）投入生产或者使用前，安全设施未经竣工验收合格，并形成书面报告的。

第三十一条 承担建设项目安全评价的机构弄虚作假、出具虚假报告，尚未构成犯罪的，没收违法所得，违法所得在 10 万元以上的，并处违法所得二倍以上五倍以下的罚款；没有违法所得或者违法所得不足 10 万元的，单处或者并处 10 万元以上 20 万元以下的罚款，对其直接负责的主管人员和其他直接责任人员处 2 万元以上 5 万元以下的罚款；给他人造成损害的，与生产经营单位承担连带赔偿责任。

对有前款违法行为的机构，吊销其相应资质。

第三十二条 本办法规定的行政处罚由安全生产监督管理部门决定。法律、行政法规对行政处罚的种类、幅度和决定机关另有规定的，依照其规定。

安全生产监督管理部门对应当由其他有关部门进行处理的"三同时"问题，应当及时移送有关部门并形成记录备查。

第六章　附　则

第三十三条 本办法自 2011 年 2 月 1 日起施行。

安全生产领域违法违纪行为
政纪处分暂行规定

（监察部、国家安监总局令第 11 号　2006 年 11 月 22 日起施行）

第一条　为了加强安全生产工作，惩处安全生产领域违法违纪行为，促进安全生产法律法规的贯彻实施，保障人民群众生命财产和公共财产安全，根据《中华人民共和国行政监察法》、《中华人民共和国安全生产法》及其他有关法律法规，制定本规定。

第二条　国家行政机关及其公务员，企业、事业单位中由国家行政机关任命的人员有安全生产领域违法违纪行为，应当给予处分的，适用本规定。

第三条　有安全生产领域违法违纪行为的国家行政机关，对其直接负责的主管人员和其他直接责任人员，以及对有安全生产领域违法违纪行为的国家行政机关公务员（以下统称有关责任人员），由监察机关或者任免机关按照管理权限，依法给予处分。

有安全生产领域违法违纪行为的企业、事业单位，对其直接负责的主管人员和其他直接责任人员，以及对有安全生产领域违法违纪行为的企业、事业单位工作人员中由国家行政机关任命的人员（以下统称有关责任人员），由监察机关或者任免机关按照管理权限，依法给予处分。

第四条　国家行政机关及其公务员有下列行为之一的，对有关责任人员，给予警告、记过或者记大过处分；情节较重的，给予降级或者撤职处分；情节严重的，给予开除处分：

（一）不执行国家安全生产方针政策和安全生产法律、法规、规章以及上级机关、主管部门有关安全生产的决定、命令、指示的；

（二）制定或者采取与国家安全生产方针政策以及安全生产法律、法规、规章相抵触的规定或者措施，造成不良后果或者经上级机关、有关部门指出仍不改正的。

第五条　国家行政机关及其公务员有下列行为之一的，对有关责任人员，给予警告、记过或者记大过处分；情节较重的，给予降级或者撤职处分；情节严重的，给予开除处分：

（一）向不符合法定安全生产条件的生产经营单位或者经营者颁发有关证照的；

（二）对不具备法定条件机构、人员的安全生产资质、资格予以批准认定的；

（三）对经责令整改仍不具备安全生产条件的生产经营单位，不撤销原行政许可、审批或者不依法查处的；

（四）违法委托单位或者个人行使有关安全生产的行政许可权或者审批权的；

（五）有其他违反规定实施安全生产行政许可或者审批行为的。

第六条　国家行政机关及其公务员有下列行为之一的，对有关责任人员，给予警告、记过或者记大过处分；情节较重的，给予降级或者撤职处分；情节严重的，给予开除处分：

（一）批准向合法的生产经营单位或者经营者超量提供剧毒品、火工品等危险物资，造成后果的；

（二）批准向非法或者不具备安全生产条件的生产经营单位或者经营者，提供剧毒品、火工品等危险物资或者其他生产经营条件的。

第七条　国家行政机关公务员利用职权或者职务上的影响，违反规定为个人和亲友谋取私利，有下列行为之一的，给予警告、记过或者记大过处分；情节较重的，给予降级或者撤职处分；情节严重的，给予开除处分：

（一）干预、插手安全生产装备、设备、设施采购或者招标投标等活动的；

（二）干预、插手安全生产行政许可、审批或者安全生产监督执法的；

（三）干预、插手安全生产中介活动的；

（四）有其他干预、插手生产经营活动危及安全生产行为的。

第八条 国家行政机关及其公务员有下列行为之一的，对有关责任人员，给予警告、记过或者记大过处分；情节较重的，给予降级或者撤职处分；情节严重的，给予开除处分：

（一）未按照有关规定对有关单位申报的新建、改建、扩建工程项目的安全设施，与主体工程同时设计、同时施工、同时投入生产和使用中组织审查验收的；

（二）发现存在重大安全隐患，未按规定采取措施，导致生产安全事故发生的；

（三）对发生的生产安全事故瞒报、谎报、拖延不报，或者组织、参与瞒报、谎报、拖延不报的；

（四）生产安全事故发生后，不及时组织抢救的；

（五）对生产安全事故的防范、报告、应急救援有其他失职、渎职行为的。

第九条 国家行政机关及其公务员有下列行为之一的，对有关责任人员，给予警告、记过或者记大过处分；情节较重的，给予降级或者撤职处分；情节严重的，给予开除处分：

（一）阻挠、干涉生产安全事故调查工作的；

（二）阻挠、干涉对事故责任人员进行责任追究的；

（三）不执行对事故责任人员的处理决定，或者擅自改变上级机关批复的对事故责任人员的处理意见的。

第十条 国家行政机关公务员有下列行为之一的，给予警告、记过或者记大过处分；情节较重的，给予降级或者撤职处分；情节严重的，给予开除处分：

（一）本人及其配偶、子女及其配偶违反规定在煤矿等企业投资入股或者在安全生产领域经商办企业的；

（二）违反规定从事安全生产中介活动或者其他营利活动的；

（三）在事故调查处理时，滥用职权、玩忽职守、徇私舞弊的；

（四）利用职务上的便利，索取他人财物，或者非法收受他人财物，在安全生产领域为他人谋取利益的。

对国家行政机关公务员本人违反规定投资入股煤矿的处分，法律、法规另有规定的，从其规定。

第十一条 国有企业及其工作人员有下列行为之一的，对有关责任人员，给予警告、记过或者记大过处分；情节较重的，给予降级、撤职或者留用察看处分；情节严重的，给予开除处分：

（一）未取得安全生产行政许可及相关证照或者不具备安全生产条件从事生产经营活动的；

（二）弄虚作假，骗取安全生产相关证照的；

（三）出借、出租、转让或者冒用安全生产相关证照的；

（四）未按照有关规定保证安全生产所必需的资金投入，导致产生重大安全隐患的；

（五）新建、改建、扩建工程项目的安全设施，不与主体工程同时设计、同时施工、同时投入生产和使用，或者未按规定审批、验收，擅自组织施工和生产的；

（六）被依法责令停产停业整顿、吊销证照、关闭的生产经营单位，继续从事生产经营活动的。

第十二条 国有企业及其工作人员有下列行为之一，导致生产安全事故发生的，对有关责任人员，给予警告、记过或者记大过处分；情节较重的，给予降级、撤职或者留用察看处分；情节严重的，给予开除处分：

（一）对存在的重大安全隐患，未采取有效措施的；

（二）违章指挥，强令工人违章冒险作业的；

（三）未按规定进行安全生产教育和培训并经考核合格，允许从业人员上岗，致使违章作业的；

（四）制造、销售、使用国家明令淘汰或者不符合国家标准的设施、设备、器材或者产品的；

（五）超能力、超强度、超定员组织生产经营，拒不执行有关部门整改指令的；

（六）拒绝执法人员进行现场检查或者在被检查时隐瞒事故隐患，不如实反映情况的；

（七）有其他不履行或者不正确履行安全生产管理职责的。

第十三条 国有企业及其工作人员有下列行为之一的，对有关责任人员，给予记过或者记大过处分；情节较重的，给予降级、撤职或者留用察看处分；情节严重的，给予开除处分：

（一）对发生的生产安全事故瞒报、谎报或者拖延不报的；

（二）组织或者参与破坏事故现场、出具伪证或者隐匿、转移、篡改、毁灭有关证据，阻挠事故调查处理的；

（三）生产安全事故发生后，不及时组织抢救或者擅离职守的。

生产安全事故发生后逃匿的，给予开除处分。

第十四条 国有企业及其工作人员不执行或者不正确执行对事故责任人员作出的处理决定，或者擅自改变上级机关批复的对事故责任人员的处理意见的，对有关责任人员，给予警告、记过或者记大过处分；情节较重的，给予降级、撤职或者留用察看处分；情节严重的，给予开除处分。

第十五条 国有企业负责人及其配偶、子女及其配偶违反规定在煤矿等企业投资入股或者在安全生产领域经商办企业的，对由国家行政机关任命的人员，给予警告、记过或者记大过处分；情节较重的，给予降级、撤职或者留用察看处分；情节严重的，给予开除处分。

第十六条 承担安全评价、培训、认证、资质验证、设计、检测、检验等工作的机构及其工作人员，出具虚假报告等与事实不符的文件、材料，造成安全生产隐患的，对有关责任人员，给予警告、记过或者记大过处分；情节较重的，给予降级、降职或者撤职处分；情节严重的，给予开除留用察看或者开除处分。

第十七条 法律、法规授权的具有管理公共事务职能的组织以及国家行政机关依法委托的组织及其工勤人员以外的工作人员有安全生产领域违法违纪行为，应当给予处分的，参照本规定执行。

企业、事业单位中除由国家行政机关任命的人员外，其他人员有安全生产领域违法违纪行为，应当给予处分的，由企业、事业单位参照本规定执行。

第十八条 有安全生产领域违法违纪行为，需要给予组织处理的，依照有关规定办理。

第十九条 有安全生产领域违法违纪行为，涉嫌犯罪的，移送司法机关依法处理。

第二十条 本规定由监察部和国家安全生产监督管理总局负责解释。

第二十一条 本规定自公布之日起施行。

关于生产安全事故调查处理中
有关问题的规定

（安监总政法〔2013〕115号　自2013年11月20日起施行）

第一条　为进一步规范安全生产监督管理部门组织的生产安全事故的调查处理，认真查处每一起事故并严厉及时追责，吸取事故教训，有效遏制重特大事故发生，根据《生产安全事故报告和调查处理条例》（国务院令第493号，以下简称《条例》）等法律、行政法规，制定本规定。

第二条　《条例》第二条所称生产经营活动，是指在工作时间和工作场所，为实现某种生产、建设或者经营目的而进行的活动，包括与工作有关的预备性或者收尾性活动。

第三条　根据《条例》第三条的规定，按照死亡人数、重伤人数（含急性工业中毒，下同）、直接经济损失三者中最高级别确定事故等级。

因事故造成的失踪人员，自事故发生之日起30日后（交通事故、火灾事故自事故发生之日起7日后），按照死亡人员进行统计，并重新确定事故等级。

事故造成的直接经济损失，由事故发生单位依照《企业职工伤亡事故经济损失统计标准》（GB6721）提出意见，经事故发生单位上级主管部门同意后，报组织事故调查的安全生产监督管理部门确定；事故发生单位无上级主管部门的，直接报组织事故调查的安全生产监督管理部门确定。

第四条　事故调查工作应当按照"四不放过"和依法依规、实事求是、科学严谨、注重实效的原则认真开展。

第五条　事故调查组应当在查明事故原因，认定事故性质的基础上，分清事故责任，依法依规依纪对相关责任单位和责任人员提出严肃的处理意见，杜绝失之于软、失之于宽、失之于慢的现象。

第六条　对挂牌督办、跟踪督办的事故，组织事故调查的安全生产监督管理部门应当及时向督办机关请示汇报。负责督办的部门应当加强督促检查，并对事故查处进行具体指导，严格审核把关。

第七条　对于中央企业发生的事故，事故发生地的上级安全生产监督管理部门认为必要时，可以提请本级人民政府决定提级调查。

事故发生地与事故发生单位不在同一个县级以上行政区域，事故发生地安全生产监督管理部门认为开展事故调查确有困难的，可以报告本级人民政府提请上一级人民政府决定提级调查。

第八条　事故调查组组长一般由安全生产监督管理部门的人员担任。事故调查组成员应当按照《条例》规定，在事故调查组组长统一领导下开展调查工作。

第九条　事故调查组应当制定事故调查方案，经事故调查组组长批准后执行。事故调查方案应当包括调查工作的原则、目标、任务和事故调查组专门小组的分工、应当查明的问题和线索，调查步骤、方法，完成相关调查的期限、措施、要求等内容。

第十条　事故调查组应当按照下列期限，向负责事故调查的人民政府提交事故调查报告：

（一）特别重大事故依照《条例》的有关规定执行；

（二）重大事故自事故发生之日起一般不得超过60日；

（三）较大事故、一般事故自事故发生之日起一般不得超过30日。

特殊情况下，经负责事故调查的人民政府批准，可以延长提交事故调查报告的期限，但最长不得超过30日。

下列时间不计入事故调查期限，但应当在报送事故调查报告时向负责事故调查的人民政府说明：

（一）瞒报、谎报、迟报事故的调查核实所需的时间；

（二）因事故救援无法进行现场勘察的时间；

（三）挂牌督办、跟踪督办的事故的审核备案时间；

（四）特殊疑难问题技术鉴定所需的时间。

第十一条　事故调查报告应当由事故调查组成员签名。事故调查组成员对事故的原因、性质和事故责任者的处理建议不能取得一致意见时，事故调查组组长有权提出结论性意见；仍有不同意见的，应当进一步协调；经协调仍不能统一意见的，应当报请本级人民政府裁决。

事故调查报告应当对落实事故防范和整改措施、责任追究等工作提出明确要求。

第十二条　负责事故调查的人民政府应当按照《条例》第三十二条规定的期限对事故调查报告作出批复，并抄送事故调查组成员所在单位和其他有关单位。

第十三条　经过批复的事故调查报告的正文部分由组织事故调查的安全生产监督管理部门按照国家有关规定及时在政府网站或者通过其他方式全文公开，但依法需要保密的内容除外。

第十四条　有关部门和事故发生单位应当自接到事故调查报告及其批复的 3 个月内，将有关责任人员和单位的处理情况、事故防范和整改措施的落实情况书面报（抄）送组织事故调查的安全生产监督管理部门及其他有关部门。

第十五条　本规定自印发之日起施行。煤矿、海上石油事故的调查处理，依照本规定执行；国家安全生产监督管理总局另有规定的，从其规定。

四、水利安全生产规范性文件

水利工程建设安全生产监督检查导则

（水安监〔2011〕475号　自2011年9月14日起施行）

1　总则

1.1　为规范水利工程建设安全生产监督检查行为，提高监督检查工作绩效，根据《中华人民共和国安全生产法》、《建设工程安全生产管理条例》、《水利工程建设安全生产管理规定》等法律法规和规章，制定本导则。

1.2　本导则用于指导各级水行政主管部门和流域机构或其委托的安全生产监督机构开展水利工程建设项目安全生产工作的监督检查。

专项检查和日常检查可参照本导则相关条款执行。

1.3　安全生产监督检查应认真贯彻落实国家和水利行业有关安全生产的方针政策，坚持实事求是、尊重科学、注重实效的原则。

1.4　安全生产监督检查人员应全面掌握相关法律、法规和技术标准的要求，做到依法行政、科学检查、廉洁自律、坚持原则。

1.5　有关单位和人员应积极配合监督检查工作，及时提供有关文件和资料，并对其真实性负责。

2　监督检查内容

2.1　对项目法人安全生产监督检查内容主要包括：

1）安全生产管理制度建立健全情况；

2）安全生产管理机构设立情况；

3）安全生产责任制建立及落实情况；

4）安全生产例会制度执行情况；

5）保证安全生产措施方案的制定、备案与执行情况；

6）安全生产教育培训情况；

7）施工单位安全生产许可证、" 三类人员"（施工企业主要负责人、项目负责人及专职安全生产管理人员，下同）安全生产考核合格证及特种作业人员持证上岗等核查情况；

8）安全施工措施费用管理；

9）生产安全事故应急预案管理；

10）安全生产隐患排查和治理；

11）生产安全事故报告、调查和处理等。

检查项目和要求参见附表一。

2.2 对勘察（测）设计单位安全生产监督检查内容主要包括：

1）工程建设强制性标准执行情况；

2）对工程重点部位和环节防范生产安全事故的指导意见或建议；

3）新结构、新材料、新工艺及特殊结构防范生产安全事故措施建议；

4）勘察（测）设计单位资质、人员资格管理和设计文件管理等。

检查项目和要求参见附表二。

2.3 建设监理单位安全生产监督检查内容主要包括：

1）工程建设强制性标准执行情况；

2）施工组织设计中的安全技术措施及专项施工方案审查和监督落实情况；

3）安全生产责任制建立及落实情况；

4）监理例会制度、生产安全事故报告制度等执行情况；

5）监理大纲、监理规划、监理细则中有关安全生产措施执行情况等。

检查项目和要求参见附表三。

2.4 施工单位安全生产监督检查内容主要包括：

1）安全生产管理制度建立健全情况；

2）资质等级、安全生产许可证的有效性；

3）安全生产管理机构设立及人员配置；

4）安全生产责任制建立及落实情况；

5）安全生产例会制度、隐患排查制度、事故报告制度和培训制度等执行情况；

    6）安全生产操作规程制定及执行情况；

    7）"三类人员"安全生产考核合格证及特种作业人员持证上岗情况；

    8）劳动防护用品管理制度及执行情况；

    9）安全费用的提取及使用情况；

    10）生产安全事故应急预案制定及演练情况；

    11）生产安全事故处理情况；

    12）危险源分类、识别管理及应对措施等。

    检查项目和要求参见附表四。

    2.5   对施工现场安全生产监督检查内容主要包括：

    1）施工支护、脚手架、爆破、吊装、临时用电、安全防护设施和文明施工等情况；

    2）安全生产操作规程执行与特种作业人员持证上岗情况；

    3）个体防护与劳动防护用品使用情况；

    4）应急预案中有关救援设备、物资落实情况；

    5）特种设备检验与维护状况；

    6）消防设施等落实情况。

    检查项目和要求参见附表五。

3   监督检查的组织与实施

    3.1   各级水行政主管部门和流域机构应根据工程建设实际，适时组织开展水利工程建设项目安全生产监督检查活动。

    3.2   安全生产监督检查由监督检查组织单位成立的安全生产监督检查组实施。监督检查组成员一般由监管部门的领导和人员、相关部门的代表和专家组成。

    3.3   监督检查组应根据工程项目具体情况，制定检查方案，明确检查项目、内容和要求等。

    3.4   监督检查组应在被监督检查单位或施工工地主持召开工作会议，介绍监督检查的内容、方法和要求，听取有关单位安全生产工作情况的介绍。

3.5 监督检查人员应查阅有关资料，针对检查对象的具体情况，对重点场所、关键部位实施现场检查，并记录检查结果。

3.6 监督检查组应现场反馈检查情况，并针对现场检查发现的安全生产问题、薄弱环节和安全生产事故隐患，提出整改要求。

3.7 监督检查组应编制监督检查报告，经监督检查组负责人签字后报监督检查组织单位。

3.8 监督检查组织单位根据检查情况，向被检查单位下发整改意见；有关部门和工程各参建单位应认真研究制定整改方案，落实整改措施，尽快完成整改并及时向监督检查组织单位反馈整改意见落实情况。

4 附则

4.1 安全生产监督检查活动组织单位应注意保存影像资料、重要检查记录、监督检查报告、整改意见以及整改情况反馈意见等有关文件。

4.2 本导则自发布之日起执行。

项目法人安全生产检查表

序号	检查项目	检查内容要求与记录	检查意见
1	安全生产管理制度	行文明确本单位适用的工程建设安全生产的规章、规范性文件、技术标准,制定本工程建设项目相关安全生产管理制度	
2	安全生产管理机构	按规定设置安全生产管理机构、配备专职或兼职安全管理人员	
3	安全生产责任制	(1)相关人员职责和权力、义务明确	
		(2)检查合同单位安全生产责任制(分解到各相关岗位和人员)	
4	安全生产例会	(1)按期召开例会	
		(2)适时召开安全生产专题会议	
		(3)会议记录完整	
		(4)会议要求落实	
5	施工单位安全生产许可证	(1)资格审查时已对安全生产许可证进行审查	
		(2)对分包单位安全生产许可证进行审查	
		(3)建设过程中安全生产许可证有效性审查	
6	"三类人员"安全生产考核合格证	(1)进场时,核查"三类人员"安全生产考核合格证	
		(2)建设过程中新进人员安全生产考核合格证核查	
		(3)建设过程中安全合格证的有效性核查	
7	安全施工措施费用使用	(1)招标文件明确	
		(2)建设过程中落实	
8	生产安全事故应急预案管理	(1)预案完整并具有可操作性	
		(2)本单位预案与其它相关预案衔接合理	
		(3)按期演练	
		(4)应急管理队伍完整	
		(5)应急通讯录完整、更新及时	
		(6)督促相关单位制定预案	

续附表一：

序号	检查项目	检查内容要求与记录	检查意见
9	保证安全生产的措施方案	（1）备案及时	
		（2）内容完整	
		（3）更新及时	
10	隐患治理	（1）定期排查、及时上报	
		（2）隐患治理"五落实"	
11	事故报告	（1）报告制度建立情况	
		（2）生产安全事故及时报告情况	
12	杜绝使用国家公布淘汰的工艺、设备、材料（严重危及施工安全）	（1）工艺	
		（2）设备	
		（3）材料	
13	影响施工现场及毗邻区域管线及工程安全的资料	（1）招标时提供	
		（2）完整、准确、真实	
		（3）符合有关技术规范	
14	拆除工程或爆破工程	（1）施工单位资质	
		（2）备案及时	
		（3）备案资料完整	
15	接受安全监督	（1）监督手续完善	
		（2）及时提供监督所需资料	
		（3）监督意见及落实	
16	度汛安全	（1）编制度汛方案	
		（2）报批手续完备	
		（3）度汛措施落实	

被检查单位（签字）：_____   检查组组长（签字）：_____

附表二：

勘察（测）、设计单位安全生产检查表

序号	检查项目	检查内容要求与记录	检查意见
1	工程建设强制性标准	（1）相关强制性标准要求识别完整	
		（2）标准适用正确	
2	工程重点部位和环节防范生产安全事故指导意见	（1）工程重点部位明确	
		（2）工程建设关键环节明确	
		（3）指导意见明确	
		（4）指导及时、有效	
3	"三新"（新结构、新材料、新工艺）及特殊结构防范生产安全事故措施建议	（1）工程"三新"明确	
		（2）特殊结构明确	
		（3）措施建议及时有效	
4	事故分析	（1）无设计原因造成的事故	
		（2）参与事故分析	
5	文件审签及标识	（1）施工图纸单位证章	
		（2）责任人签字	
		（3）执业证章	

被检查单位（签字）：_____   检查组组长（签字）：_____

附表三：

建设监理单位安全生产检查表

序号	检查项目	检查内容要求与记录	检查意见
1	工程建设强制性标准	(1)相关强制性标准要求识别完整	
		(2)标准适用正确	
		(3)发现不符合强制性标准时,有记录	
2	审查施工组织设计的安全措施	(1)审查施工组织设计	
		(2)审查专项安全技术方案	
		(3)相关审查意见有效	
		(4)安全生产措施执行情况	
3	安全生产责任制	(1)相关人员职责和权力、义务明确	
		(2)检查施工单位安全生产责任制	
4	安全生产事故隐患	(1)及时发现并报告	
		(2)及时要求整改	
		(3)复查整改验收	
5	监理例会制度	(1)按期召开例会	
		(2)会议记录完整	
		(3)会议要求检查落实	
6	生产安全事故报告制度等执行情况	(1)报告制度	
		(2)及时报告	
		(3)处理措施检查监督	
7	监理大纲、监理规划、监理细则中有关安全生产措施执行情况等	(1)措施完善	
		(2)执行情况	
8	执业资格	(1)执业资格符合规定	
		(2)执业人员签字	

被检查单位(签字):_____   检查组组长(签字):_____

附表四：

施工单位安全生产检查表

序号	检查项目	检查内容要求与记录	检查意见
1	资质等级	(1)本单位资质	
		(2)项目经理资质	
		(3)分包单位资质	
		(4)分包项目经理资质	
2	安全生产许可证	(1)本单位许可证	
		(2)分包单位许可证	
3	安全管理机构设立和人员配备	(1)安全管理机构设立	
		(2)安全管理人员到位	
4	现场专职安全生产管理人员配备	(1)人员数量满足需要	
		(2)人员跟班作业	
5	安全生产责任制	(1)相关人员职责和权力、义务明确	
		(2)单位与现场机构责任明确	
		(3)检查分包单位安全生产责任制(包括总包与分包的安全生产协议)	
6	安全生产培训	(1)制度明确、有效实施	
		(2)培训经费落实	
		(3)所有员工每年至少培训一次	
		(4)进入新工地或换岗培训	
		(5)使用"四新"(新技术、新材料、新设备、新工艺)培训	
		(6)培训档案齐全	
7	安全生产例会制度	(1)制度明确	
		(2)执行有效	
		(3)记录完整	

续附表四（1）：

序号	检查项目	检查内容要求与记录	检查意见
8	定期安全生产检查制度	（1）制度明确	
		（2）执行有效	
		（3）整改验收情况	
		（4）记录完整	
9	制定安全生产规章和安全生产操作规程	（1）制度明确	
		（2）制度齐全、执行有效	
10	"三类人员"安全生产考核合格证	（1）施工企业主要负责人	
		（2）项目负责人	
		（3）专职安全生产管理人员	
11	特种作业人员资格证	（1）所有特种作业人员资格证	
		（2）资格证有效期	
12	安全施工措施费	（1）措施费用使用计划	
		（2）有效使用费用不低于报价	
		（3）满足需要	
13	生产安全事故应急预案管理	（1）预案完整并与其它相关预案衔接合理	
		（2）定期演练	
		（3）应急设备器材	
14	隐患排查	（1）定期排查、及时上报	
		（2）隐患治理"五落实"	
15	事故报告	（1）报告制度	
		（2）及时报告	
16	接受安全监督	（1）及时提供监督所需资料	
		（2）监督意见及时落实	
17	分包合同管理	（1）安全生产权利、义务明确	
		（2）安全生产管理及时、有效	

续附表四（2）：

序号	检查项目	检查内容要求与记录	检查意见
18	专项施工方案	(1)危险性较大的工程明确	
		(2)制定专项施工方案	
		(3)制定施工现场临时用电方案	
		(4)审核手续完备	
		(5)专家论证	
19	施工前安全技术交底	(1)项目技术人员向施工作业班组	
		(2)施工作业班组向作业人员	
		(3)签字手续完整	
20	专项防护措施	(1)毗邻建筑物、地下管线	
		(2)粉尘、废气、废水、固体废物、噪声、振动	
		(3)施工照明	
21	安全防护用具、机械设备、机具	(1)生产许可证	
		(2)产品合格证	
		(3)进场前查验	
		(4)制度明确并有专人管理	
		(5)定期检查、维修和保养	
		(6)资料档案齐全	
		(7)使用有效期	
22	特种设备	(1)施工起重设备验收	
		(2)整体提升脚手架验收	
		(3)自升式模板验收	
		(4)租赁设备使用前验收	
		(5)特种设备使用有效期	
		(6)验收合格证标志置放	
		(7)特种设备合格证或安全检验合格标志	
		(8)维修保养制度建立和维修、保养、定期检测落实情况	

续附表四（3）：

序号	检查项目	检查内容要求与记录	检查意见
23	危险作业人员	（1）危险作业明确	
		（2）办理意外伤害保险	
		（3）保险有效期	
		（4）保险费用支付	
24	工程度汛	（1）度汛措施落实	
		（2）组织防汛抢险演练	

被检查单位(签字)：_____　　　　　检查组组长(签字)：_____

附表五：

施工现场安全生产检查表

序号	检查项目	检查内容要求与记录	检查意见
1	文明施工	（1）建筑材料、构件、料具按总平面布局堆放；料堆应挂名称、品种、规格等标牌；堆放整齐，做到工完场地清	
		（2）易燃易爆物品分类存放	
		（3）施工现场应能够明确区分工人住宿区、材料堆放区、材料加工区和施工现场、材料堆放加工应整齐有序	
2	施工管理措施	（1）爆破、吊装等危险作业有专门人员进行现场安全管理	
		（2）人、车分流，道路畅通，设置限速标志。场内运输机动车辆不得超速、超载行驶或人货混载	
		（3）在建工程禁止住人	
		（4）集体宿舍符合要求，安全距离满足要求	
3	脚手架	（1）架管、扣件、安全网等合格证及检测资料	
		（2）有脚手架、卸料平台施工方案	
		（3）验收记录（含脚手架、卸料平台、安全网、防护棚、马道、模板等）	
4	施工支护	（1）深度超过2m的基坑施工有临边防护措施	
		（2）按规定进行基坑支护变形监测，支护设施已产生局部变形应及时采取措施调整	
		（3）人员上下应有专用通道	
		（4）垂直作业上下应有隔离防护措施	
5	爆破作业	（1）爆破作业和爆破器材的采购、运输、贮存、加工和销毁	
		（2）爆破人员资质和岗位责任制、器材领发、清退制度、培训制度及审批制度	
		（3）爆破器材储存专用仓库内	

续附表五(1)：

序号	检查项目	检查内容要求与记录	检查意见
6	临时用电	(1)施工现场应做好供用电安全管理,并有临时用电方案。配电箱开关箱符合三级配电两级保护	
		(2)设备专用箱做到"一机、一闸、一漏、一箱";严禁一闸多机	
		(3)配电箱、开关箱应有防尘、防雨措施	
		(4)潮湿作业场所照明安全电压不得大于24V;使用行灯电压不得大于36V;电源供电不得使用其他金属丝代替熔丝	
		(5)配电线路布设符合要求,电线无老化、破皮	
		(6)有备用的"禁止合闸、有人工作"标志牌	
		(7)电工作业应配戴绝缘防护用品,持证上岗	
7	吊装作业	(1)塔吊应有力矩限制器、限位器、保险装置及附墙装置与夹轨钳	
		(2)制定安装拆卸方案;安装完毕有验收资料或责任人签字	
		(3)有设备运行维护保养记录	
		(4)起重吊装作业应设警戒标志,并设专人警戒	
8	安全警示标志	在有较大危险因素的生产场所和有关设施、设备上,设置明显的安全警示标志	
9	安全防护设施	(1)在建工程应有预留洞口的防护措施	
		(2)在建工程的临边有防护措施	
		(3)在高处外立面,无外脚手架时,应张挂安全网	
		(4)防护棚搭设与拆除时,应设警戒区,并应派专人监护。严禁上下同时拆除	
		(5)对进行高处作业的高耸建筑物,应事先设置避雷设施	

续附表五(2):

序号	检查项目	检查内容要求与记录	检查意见
10	个体安全防护	(1)进入生产经营现场按规定正确佩戴安全帽,穿防,护服装;从事高空作业应当正确使用安全带	
		(2)电气作业应当穿戴绝缘防护用品	
11	安全设备	(1)有维护、保养、检测记录;能保证正常运转	
		(2)有易燃、易爆气体和粉尘的作业场所,应当使用防爆型电气设备或者采取有效的防爆技术措施	
12	消防安全管理	(1)制定消防安全制度、消防安全操作规程	
		(2)防火安全责任制,确定消防安全责任人	
		(3)对职工进行消防宣传教育	
		(4)防火检查,及时消除火灾隐患	
		(5)建立防火档案,确定重点防火部位,设置防火标志	
		(6)灭火和应急疏散预案,定期演练	
		(7)按规定配备相应的消防器材、设施	
		(8)消防通道畅通、消防水源保证	
		(9)消防标志完整	
13	施工现场安全保卫	(1)施工现场进出口应有大门,有门卫	
		(2)非施工人员不进入现场	
		(3)必要遮挡围栏设置	

被检查单位(签字):＿＿＿＿＿＿＿　　　　　检查组组长(签字):＿＿＿＿＿＿＿

水利安全生产标准化评审管理
暂行办法实施细则

（水安监〔2013〕168 号 自 2013 年 7 月 11 日起施行）

第一章 总 则

第一条 根据《水利安全生产标准化评审管理暂行办法》（水安监〔2013〕189 号，以下简称《办法》），制定本细则。

第二条 本细则适用于水利部部属水利生产经营单位一、二、三级安全生产标准化评审和非部属水利生产经营单位一级安全生产标准化评审，水利生产经营单位需具有独立法人资格。

第二章 单位申请

第三条 水利安全生产标准化评审实行网上申报。水利生产经营单位须根据自主评定结果登录水利安全监督网（http：//aqjd.mwr.gov.cn）"水利安全生产标准化评审管理系统"，按照《办法》第十条的规定，经上级主管单位或所在地省级水行政主管部门审核同意后，提交水利部安全生产标准化委员会办公室。

其中，审核单位为非水利部直属单位或省级水行政主管部门的，须以纸质材料进行审核，审核通过后，登陆"水利安全生产标准化评审管理系统"进行申报。

第四条 水利部安全生产标准化评审委员会办公室自收到申请材料之日起，5 个工作日内完成材料审核。主要审核：

（一）水利生产经营单位是否符合申请条件；

（二）自评报告是否符合要求，内容是否完整。

对符合申请条件且材料合格的水利生产经营单位，通知其开展评审机构评审；对符合申请条件但材料不完整或存在疑问的，要求其补充相关材料或说明有关情况；对不符合申请条件的，退回申请材料。

第三章 评审机构评审

第五条 通过水利部审核的水利生产经营单位，应委托水利部认可的评审机构开展评审。评审所需费用根据评审工作量等实际情况，参照国家相关收费标准，由承担评审的机构与委托单位双方协商，合理确定。

第六条 评审机构应具备以下条件：

（一）具有独立法人资格，没有违法行为记录；

（二）具有与开展工作相适应的固定工作场所和办公设备；

（三）从事水利建设、管理等方面的安全生产技术服务工作 5 年以上；

（四）具有满足评审工作需要的人力资源，其中评审工作人员不少于 15 人；

（五）具有健全的内部管理制度和安全生产标准化过程控制体系。

第七条 评审工作人员应具备下列条件：

（一）具有国家承认的大学本科（含）以上学历，且具有水利或安全相关专业中级（含）以上技术职称、安全评价师资格、注册安全工程师资格之一；

（二）从事安全生产管理工作 5 年以上，年龄不超过 65 周岁，身体健康；

（三）熟悉安全生产法律法规、技术标准和水利安全生产标准化评审标准，掌握相应的评审方法；

（四）经水利安全生产标准化培训并考试合格。

第八条 评审工作人员的从业要求：

（一）认真贯彻执行国家有关安全生产的法律法规，严格按照水利安全生产标准化评审标准开展评审工作；

（二）认真履行评审工作职责，并对评审结论负责；

（三）严格遵守公正性与保密承诺，不得泄露被评审单位的技术和商业秘密；

（四）在评审过程中恪守职业道德，廉洁自律；

（五）不得在两家以上评审机构从事评审工作；

（六）根据工作需要，定期参加知识更新培训。

第九条 评审机构现场评审工作程序：

（一）根据被评审单位实际，制定评审工作计划，选派评审工作人员开展评审。评审工作人员原则上不得少于 5 人，且与被评审单位无直接利益关系；

（二）召开评审工作会议，听取被评审单位安全生产工作汇报，了解被评审单位安全生产工作情况；

（三）对照评审标准要求，进行现场查验、问询，形成评审记录，提出整改意见和建议；

（四）召开总结会议，通报评审工作情况和推荐性评审意见。

第十条 被评审单位所管辖的项目或工程数量超过 3 个时，应抽查不少于 3 个项目或工程现场。

项目法人须抽查开工一年后的在建水利工程项目；施工企业须抽查现场作业量相对较大时期的水利水电工程项目。

第四章 水利部审定和管理

第十一条 水利部安全生产标准化评审委员会办公室收到被评审单位提交的评审报告后，应进行初审。认为有必要时，可组织现场核查。现场核查中发现评审报告虚假或严重失实的，按《办法》第二十二条的规定处理。

第十二条 评审报告审核工作主要包括以下内容：

（一）评审机构和现场评审人员是否符合要求；

（二）评审程序和现场评审是否规范；

（三）评审报告是否客观、公正、真实、完整；

（四）自评及评审中发现的主要问题的整改落实情况；

（五）是否存在否决条件；

（六）审定级别是否符合规定。

第十三条 水利部安全生产标准化评审委员会办公室将初审后的评审报告提交评审委员会审定。

审定通过的单位在水利安全监督网上公示，公示期为7个工作日。公示无异议的，由水利部颁发证书、牌匾（证书、牌匾式样见附件）；公示有异议的，由水利部安全生产标准化评审委员会办公室核查处理。

第十四条 取得水利安全生产标准化等级证书的单位每年年底应对安全生产标准化情况进行自评，形成报告，于次年1月31日前通过"水利安全生产标准化评审管理系统"报送水利部安全生产标准化评审委员会办公室。

第五章 附 则

第十五条 本细则由水利部安全监督司负责解释。

第十六条 本细则自印发之日起施行。

附件：水利安全生产标准化证书和牌匾式样

水利安全生产标准化证书

水利安全生产标准化

证 书

证书编号：水安标×XXXXXXXXXX

单位名称

水利安全生产标准化 X 级单位

有效期至：XXXX 年 XX 月

（水利部章）

XXXX 年 XX 月 XX 日

中华人民共和国水利部制

水利安全生产标准化牌匾式样

水利安全生产标准化
×级单位

中华人民共和国水利部颁发
××××年××月

水利安全生产信息报告和处置规则

（水安监〔2016〕220号　自2016年6月8日起施行）

水利安全生产信息包括水利生产经营单位、水行政主管部门及所管在建、运行工程的基本信息、隐患信息和事故信息等。基本信息、隐患信息和事故信息等通过水利安全生产信息上报系统（以下简称信息系统）报送。

一、基本信息

（一）基本信息内容

基本信息主要包括水行政主管部门和水利生产经营单位（以下简称单位）基本信息以及水利工程基本信息。

1. 单位基本信息包括单位类型、名称、所在行政区划、单位规格、经费来源、所属水行政主管部门，主要负责人、分管安全负责、安全生产联系人信息，经纬度等。

2. 工程基本信息包括工程名称、工程状态、工程类别、所属行政区划、所属单位、所属水行政主管部门，相关建设、设计、施工、监理、验收等单位信息，工程类别特性参数，政府安全负责人、水行政主管部门安全负责人信息，工程主要责任人、分管安全负责人信息，经纬度等。

（二）地方各级水行政主管部门、水利工程建设项目法人、水利工程管理单位、水文测验单位、勘测设计科研单位、由水利部门投资成立或管理水利工程的企业、有独立办公场所的水利事业单位或社团、乡镇水利管理单位等，应向上级水行政主管部门申请注册，并填报单位安全生产信息。

（三）水库、水电站、农村小水电、水闸、泵站、堤防、引调水工程、灌区工程、淤地坝、农村供水工程等10类工程，所有规模以上工程（按2011年水利普查确定的规模）应在信息系统填报工程安全生产信息。

（四）基本信息应在2011年水利普查数据基础上填报。符合报告规定的新成立或组建的单位应及时向上级水行政主管部门申请注册，并按规定报告有关安全信息。在建工程由项目法人负责填报安全生产信息，运行工程由工程管理单位负责填报安全生产信息。新开工建设工程，项目法人应及时到信息系统增补工程安全生产信息。

（五）各单位（项目法人）负责填报本单位（工程）安全生产责任人（包括单位（工程）主要负责人、分管安全生产负责人）信息，并在每年1月31日前将单位安全生产责任人信息报送主管部门。各流域管理机构、地方各级水行政主管部门负责填报工程基本信息中的政府、行业监管负责人（包括政府安全生产监管负责人、行业安全生产综合监管负责人、行业安全生产专业监管负责人）信息，并在每年1月31日前将政府、行业监管负责人信息，在互联网上公布，供公众监督，同时报送上级水行政主管部门。责任人信息变动时，应及时到信息系统进行变更。

二、隐患信息

（一）隐患信息内容

隐患信息报告主要包括隐患基本信息、整改方案信息、整改进展信息、整改完成情况信息等四类信息。

1. 隐患基本信息包括隐患名称、隐患情况、隐患所在工程、隐患级别、隐患类型、排查单位、排查人员、排查日期等。

2. 整改方案信息包括治理目标和任务、安全防范应急预案、整改措施、整改责任单位、责任人、资金落实情况、计划完成日期等。

3. 整改进展信息包括阶段性整改进展情况、填报时间人员等。

4. 整改完成情况包括实际完成日期、治理责任单位验收情况、验收责任人等。

5. 隐患应按水库建设与运行、水电站建设与运行、农村水电站及配套电网建设与运行、水闸建设与运行、泵站建设与运行、堤防建设与运行、引调水建设与运行、灌溉排水工程建设与运行、淤地坝建设与运行、河道采砂、水文测验、水利工程勘测设计、水利科学研究实验与检验、后勤服务、综合经营、其他隐患等类型填报。

（二）各单位负责填报本单位的隐患信息，项目法人、运行管理单位负责填报工程隐患信息。各单位要实时填报隐患信息，发现隐患应及时登入信息系统，制定并录入整改方案信息，随时将隐患整改进展情况录入信息系统，隐患治理完成要及时填报完成情况信息。

（三）重大事故隐患须经单位（项目法人）主要负责人签字并形成电子扫描件后，通过信息系统上报。

（四）由水行政主管部门或有关单位组织的检查、督查、巡查、稽察中发现的隐患，由各单位（项目法人）及时登录信息系统，并按规定报告隐患相关信息。

（五）隐患信息除通过信息系统报告外，还应依据有关法规规定，向有关政府及相关部门报告。

（六）省级水行政主管部门每月6日前将上月本辖区隐患排查治理情况进行汇总并通过信息系统报送水利部安全监督司。隐患月报实行"零报告"制度，本月无新增隐患也要上报。

（七）隐患信息报告应当及时、准确和完整。任何单位和个人对隐患信息不得迟报、漏报、谎报和瞒报。

三、事故信息

（一）事故信息内容

1. 水利生产安全事故信息包括生产安全事故和较大涉险事故信息。

2. 水利生产安全事故信息报告包括：事故文字报告、电话快报、事故月报和事故调查处理情况报告。

3. 文字报告包括：事故发生单位概况；事故发生时间、地点以及事故现场情况；事故的简要经过；事故已经造成或者可能造成的伤亡人数（包括下落不明、涉险的人数）和初步估计的直接经济损失；已经采取的措施；其他应当报告的情况。文字报告按附件1的格式填报。

4. 电话快报包括：事故发生单位的名称、地址、性质；事故发生的时间、地点；事故已经造成或者可能造成的伤亡人数（包括下落不明、涉险的人数）。

5. 事故月报包括：事故发生时间、事故单位名称、单位类型、事故工程、事故类别、事故等级、死亡人数、重伤人数、直接经济损失、事故原因、事故简要情况等。事故月报按附件 2 的格式填报。

6. 事故调查处理情况报告包括：负责事故调查的人民政府批复的事故调查报告、事故责任人处理情况等。

7. 水利生产安全事故等级划分按《生产安全事故报告和调查处理条例》第三条执行。

8. 较大涉险事故包括：涉险 10 人及以上的事故；造成 3 人及以上被困或者下落不明的事故；紧急疏散人员 500 人及以上的事故；危及重要场所和设施安全（电站、重要水利设施、危化品库、油气田和车站、码头、港口、机场及其他人员密集场所等）的事故；其他较大涉险事故。

9. 事故信息除通过信息系统报告外，还应依据有关法规规定，向有关政府及相关部门报告。

（二）事故发生单位按以下时限和方式报告事故信息

事故发生后，事故现场有关人员应当立即向本单位负责人电话报告；单位负责人接到报告后，在 1 小时内向主管单位和事故发生地县级以上水行政主管部门电话报告。其中，水利工程建设项目事故发生单位应立即向项目法人（项目部）负责人报告，项目法人（项目部）负责人应于 1 小时内向主管单位和事故发生地县级以上水行政主管部门报告。

部直属单位或者其下属单位（以下统称部直属单位）发生的生产安全事故信息，在报告主管单位同时，应于 1 小时内向事故发生地县级以上水行政主管部门报告。

（三）水行政主管部门按以下时限和方式报告事故信息

水行政主管部门接到事故发生单位的事故信息报告后，对特别重大、重大、较大和造成人员死亡的一般事故以及较大涉险事故信息，应当逐级上报至水利部。逐级上报事故情况，每级上报的时间不得超过 2 小时。

部直属单位发生的生产安全事故信息，应当逐级报告水利部。每级上报的时间不得超过 2 小时。

情况紧急时，事故现场有关人员可以直接向事故发生地县级以上水行政主管部门报告，水行政主管部门也可以越级上报。

（四）水行政主管部门按以下时限和方式电话快报事故信息

发生人员死亡的一般事故的，县级以上水行政主管部门接到报告后，在逐级上报的同时，应当在 1 小时内电话快报省级水行政主管部门，随后补报事故文字报告。省级水行政主管部门接到报告后，应当在 1 小时内电话快报水利部，随后补报事故文字报告。

发生特别重大、重大、较大事故的，县级以上水行政主管部门接到报告后，在逐级上报的同时，应当在 1 小时内电话快报省级水行政主管部门和水利部，随后补报事故文字报告。

部直属单位发生特别重大、重大、较大事故、人员死亡的一般事故的，在逐级上报的同时，应当在 1 小时内电话快报水利部，随后补报事故文字报告。

（五）对于不能立即认定为生产安全事故的，应当先按照本办法规定的信息报告内容、时限和方式报告，其后根据负责事故调查的人民政府批复的事故调查报告，及时补报有关事故定性和调查处理结果。

（六）事故报告后出现新情况，或事故发生之日起 30 日内（道路交通、火灾事故自发生之日起 7 日内）人员伤亡情况发生变化的，应当在变化当日及时补报。

（七）事故月报按以下时限和方式报告

水利生产经营单位、部直属单位应当通过信息系统将上月本单位发生的造成人员死亡、重伤（包括急性工业中毒）或者直接经济损失在 100 万以上的水利生产安全事故和较大涉险事故情况逐级上报至水利部。省级水行政主管部门、部直属单位须于每月 6 日前，将事故月报通过信息系统报水利部安全监督司。

事故月报实行"零报告"制度，当月无生产安全事故也要按时报告。

（八）水利生产安全事故和较大涉险事故的信息报告应当及时、准确和完整。任何单位和个人对事故不得迟报、漏报、谎报和瞒报。

（九）2009 年水利部办公厅《关于完善水利行业生产安全事故快报和月报制度的通知》（办安监〔2009〕112 号）废止。

四、信息处置

（一）基本信息

1. 上级水行政主管部门应对下级单位和工程基本信息进行审核，对信息缺项和错误的，应督促填报单位及时补齐、修正。

2. 各级水行政主管部门应督促本辖区的单位注册、单位和工程信息录入，每年对单位和工程情况进行复核，确保辖区内水利生产经营单位和规模以上工程100%纳入信息系统管理范围。

3. 各级水行政主管部门充分利用信息系统安全生产信息，在开展安全生产检查督查时，全面采用"不发通知、不打招呼、不听汇报、不要陪同接待，直奔基层、直插现场"的"四不两直"检查方式，及时发现安全生产隐患和非法违法生产情况，促进安全隐患的整改和安全管理的加强，切实提升安全检查质量。

（二）隐患信息

1. 各单位应当每月向从业人员通报事故隐患信息排查情况、整改方案、"五落实"情况、治理进展等情况。

2. 各级水行政主管部门应对上报的重大隐患信息进行督办跟踪，督促有关单位消除重大事故隐患。

3. 各级水行政主管部门应定期对隐患信息汇总统计，分析隐患整改率、重大隐患整改情况及存在的问题等，对本地区安全生产形势以及单位或工程安全状况进行判断分析，并提出相应的工作措施，确保安全生产。

（三）事故信息

1. 接到事故报告后，相关水行政主管部门应当立即启动生产安全事故应急预案，研究制定并组织实施相关处置措施，根据需要派出工作组或专家组，做好或协助做好事故处置有关工作。

2. 接到事故报告后，相关水行政主管部门应当派员赶赴事故现场：发生特别重大事故的，水利部负责人立即赶赴事故现场；发生重大事故的，水利部相关司局和省级水行政主管部门负责人立即赶赴事故现场；发生较大事故的，省级水行政主管部门和市级水行政主管部门负责人立即赶赴事故现场；发生人员死亡一般事故和较大涉险事故的，市级水行政主管部门负责人立即赶赴事故现场。发生其他一般事故的，县级水行政主管部门负责人立即赶赴事故现场。

部直属单位发生人员死亡生产安全事故或较大涉险事故的，事故责任单位负责人应当立即赶赴事故现场。水利部负责人或者相关司局负责人根据事故等级赶赴事故现场。

发生较大事故、一般事故和较大涉险事故，上级水行政主管部门认为必要的，可以派员赶赴事故现场。

3. 赶赴事故现场人员应当做好以下工作：指导和协助事故现场开展事故抢救、应急救援等工作；负责与有关部门的协调沟通；及时报告事故情况、事态发展、救援工作进展等有关情况。

4. 有关水行政主管部门依法参与或配合事故救援和调查处理工作。水利部对重大、较大事故处理进行跟踪督导，督促负责事故调查的地方人民政府按照"四不放过"原则严肃追究相关责任单位和责任人责任，将事故处理到位。相关水行政主管部门应当将负责事故调查的人民政府批复的事故调查报告逐级上报至水利部。

5. 各级水行政主管部门应当建立事故信息报告处置制度和内部流程，并向社会公布值班电话，受理事故信息报告和举报。

重大水利工程建设
安全生产巡查工作制度

（水安监〔2016〕221 号　自 2016 年 6 月 12 日起施行）

为全面加强重大水利工程建设安全生产管理工作，确保工程建设生产安全，根据《安全生产法》、《建设工程安全生产管理条例》（国务院令第 393号）和《水利工程建设安全生产管理规定》（水利部令第 26 号），依据国务院安委会安全生产巡查精神，制定本工作制度。

一、巡查目标

坚持"安全第一、预防为主、综合治理"的方针，按照谁主管、谁负责的原则，督促水行政主管部门和工程参建单位严格落实安全生产责任，切实加强安全防范措施，不断提高安全生产管理水平，全面防范生产安全事故发生，确保重大水利工程建设顺利实施。

二、巡查组织

按照分级负责的原则，组织巡查工作。水利部负责组织实施由部批准初步设计的全国重大水利工程和部直属工程（打捆项目、地下水监测和小基建项目除外）建设安全生产巡查工作，其它重大水利工程建设安全生产巡查工作由省级水行政主管部门负责组织实施。水利部建设管理与质量安全中心和水利部所属流域管理机构配合水利部开展安全生产巡查工作。巡查组织单位应保障巡查工作经费。

水利部和省级水行政主管部门应根据重大水利工程建设进展情况，制定年度安全生产巡查工作计划，有针对性地开展巡查工作。原则上，水利部每年开展 2 轮巡查工作。每轮组织若干个巡查组，巡查组实行组长负责制，对巡查工作质量负责。组长由司局级干部担任，组员由有关工作人员和安全生产专家组成。省级水行政主管部门可结合实际制订重大水利工程巡查工作制度实施细则，负责组织实施本行政区域内重大水利工程建设安全生产巡查工作。省级水行政主管部门可采取直接巡查和委托市县水行政主管部门巡查的方式，做到本行政区域内重大水利工程建设安全生产巡查年度全覆盖。

三、巡查内容

巡查工作主要内容为巡查水行政主管部门重大水利工程建设安全生产监督管理履职情况，并根据工程建设进展情况，选取在建重大水利工程进行巡查。

（一）对水行政主管部门安全生产监督管理工作巡查内容

1、贯彻落实水利部关于重大水利工程建设安全生产决策部署情况；

2、重大水利工程建设安全生产监督责任体系建立情况；

3、重大水利工程建设安全生产监督工作机制建立情况，监管机构、人员落实情况；

4、重大水利工程建设安全生产工作巡查落实情况；

5、重大水利工程建设生产安全事故重大隐患治理督办制度建立及落实情况，监督检查中发现隐患及问题的整改落实情况；

6、重大水利工程建设"打非治违"、专项整治、安全风险辨识、重大危险源管控等情况；

7、推动水利安全生产标准化建设情况；

8、其他需要巡查的内容。

（二）对项目法人安全生产工作巡查内容

1、安全生产管理制度建立情况；

2、安全生产管理机构设立及人员配置情况；

3、安全生产责任制建立及落实情况；

4、安全生产例会制度、安全生产检查制度、教育培训制度、职业卫生制度、事故报告制度等执行情况；

5、安全生产措施方案的制定、备案与执行情况；

6、危险性较大单项工程、拆除爆破工程施工方案的审核及备案情况；

7、工程度汛方案和超标准洪水应急预案的制定、批准或备案、落实情况；

8、施工单位安全生产许可证、安全生产"三类人员"和特种作业人员持证上岗等核查情况；

9、安全生产措施费用落实及管理情况；

10、安全生产应急处置能力建设情况；

11、事故隐患排查治理、重大危险源辨识管控等情况；

12、开展水利安全生产标准化建设情况；

13、其他需要巡查的内容。

（三）对勘察（测）设计单位安全生产工作巡查内容

1、安全生产措施费用计列情况；

2、设计交底涉及安全生产的情况；

3、对工程重点部位和关键环节防范生产安全事故的指导意见或建议；

4、新结构、新材料、新工艺及特殊结构防范生产安全事故措施建议；

5、其他需要巡查的内容。

（四）对建设监理单位安全生产工作巡查内容

1、安全生产管理制度建立情况；

2、安全生产责任制落实情况；

3、监理例会制度、教育培训制度、事故报告制度等执行情况；

4、施工组织设计中的安全技术措施及专项施工方案审查和监督落实情况；

5、监理大纲、监理规划、监理细则中有关安全生产措施执行情况；

6、监理巡视检查记录和对历次检查发现隐患整改落实的督促情况；

7、其他需要巡查的内容。

（五）对施工单位安全生产工作巡查内容

1、安全生产管理制度建立情况；

2、安全生产许可证的有效性；

3、安全生产管理机构设立及人员配置情况；

4、安全生产责任制落实情况；

5、安全生产例会制度、安全生产检查制度、教育培训制度、职业卫生制度、事故报告制度等执行情况；

6、安全生产有关操作规程制定及执行情况；

7、施工组织设计中的安全技术措施及专项施工方案制定和审查情况；

8、安全施工交底情况；

9、安全生产"三类人员"和特种作业人员持证上岗情况；

10、安全生产措施费用提取及使用情况；

11、安全生产应急处置能力建设情况；

12、隐患排查治理、重大危险源辨识管控等情况；

13、其他需要巡查的内容。

（六）对施工现场安全生产工作巡查内容

1、安全技术措施及专项施工方案落实情况；

2、施工支护、脚手架、爆破、吊装、临时用电、安全防护设施和文明施工等情况；

3、安全生产操作规程执行情况；

4、安全生产"三类人员"和特种作业人员持证上岗情况；

5、个体防护与劳动防护用品使用情况；

6、应急预案中有关救援设备、物资落实情况；

7、特种设备检验与维护状况；

8、消防、防汛设施等落实及完好情况；

9、其他需要巡查的内容。

四、巡查程序

（一）巡查组召开座谈会，听取被巡查单位安全生产工作汇报，对有关情况进行问询；

（二）巡查组查阅有关文件、档案、会议记录等资料；

（三）巡查组现场检查工程建设安全生产情况；

（四）巡查组及时向被巡查单位（工程）反馈相关巡查情况，指出问题和隐患，有针对性地提出整改意见；

（五）巡查组在巡查工作结束后 7 日内，向巡查组织单位报送巡查工作报告；

（六）巡查组织单位根据巡查工作报告向被巡查单位印发巡查整改工作通知，提出整改意见。巡查中发现的重大事故隐患，交由项目主管部门或上级水行政主管部门挂牌督办。

五、有关工作要求

（一）巡查工作要坚持原则、深入细致、严谨求实、客观公正。巡查人员应严格执行工作纪律，不得擅自泄露巡查检查掌握的内部资料和情况，并严守廉洁自律各项规定。

（二）被巡查单位（工程）要自觉接受巡查，积极配合，如实反映工程建设管理实际情况并认真提供巡查工作所需文件资料；对巡查发现的隐患和问题，立即组织整改，并按要求将整改情况及时报送巡查组织单位和有关部门。

（三）项目主管部门或上级水行政主管部门应认真组织做好巡查发现的重大事故隐患挂牌督办工作。对于隐患排除前或排除过程中无法保证安全的，项目主管部门或上级水行政主管部门应责令从危险区域内撤出作业人员、暂时停工或停止使用相关设施设备等。

（四）项目法人应及时将巡查时间、巡查组别以及发现的隐患和问题、整改进展情况登录到水利安全生产信息上报系统。未发现隐患和问题的，应登录巡查时间和巡查组别。

（五）各级水行政主管部门对巡查发现的问题和隐患要督促整改落实，问题严重、整改不力的要依法依规追究相关单位和人员的责任。水利部对存在严重问题和整改落实不彻底、责任追究不严格的水行政主管部门、项目法人等进行重点约谈，视情进行全国通报，必要时建议省级人民政府督促整改落实。巡查整改落实情况纳入省级水行政主管部门安全生产监管工作考核成绩。有关违法违规违纪行为问题线索，移交有关部门进一步调查处理。

企业安全生产费用提取和使用管理办法

（财企〔2012〕16 号　自 2012 年 2 月 14 日起施行）

第一章

第一条　为了建立企业安全生产投入长效机制，社会公共利益，依据《中华人民共和国安全生产法》等有关法律法规和《国务院关于加强安全生产工作的决定》（国发〔2004〕2 号）和《国务院关于进一步加强企业安全生产工作的通知》（国发〔2010〕23 号），制定本办法。

第二条　在中华人民共和国境内直接从事煤炭生产、非煤矿山开采、建设工程施工、危险品生产与储存、交通运输、烟花爆竹生产、冶金、机械制造、武器装备研制生产与试验（含民用航空及核燃料）的企业以及其他经济组织（以下简称企业）适用本办法。

第三条　本办法所称安全生产费用（以下简称安全费用）是指企业按照规定标准提取在成本中列支，专门用于完善和改进企业或者项目安全生产条件的资金。

安全费用按照"企业提取、政府监管、确保需要、规范使用"的原则进行管理。

第四条　本办法下列用语的含义是：

煤炭生产是指煤炭资源开采作业有关活动。

非煤矿山开采是指石油和天然气、煤层气（地面开采）、金属矿、非金属矿及其他矿产资源的勘探作业和生产、选矿、闭坑及尾矿库运行、闭库等有关活动。

建设工程是指土木工程、建筑工程、井巷工程、线路管道和设备安装及装修工程的新建、扩建、改建以及矿山建设。

危险品是指列入国家标准《危险货物品名表》（GB12268）和《危险化学品目录》的物品。

烟花爆竹是指烟花爆竹制品和用于生产烟花爆竹的民用黑火药、烟火药、引火线等物品。

交通运输包括道路运输、水路运输、铁路运输、管道运输。道路运输是指以机动车为交通工具的旅客和货物运输；水路运输是指以运输船舶为工具的旅客和货物运输及港口装卸、堆存；铁路运输是指以火车为工具的旅客和货物运输（包括高铁和城际铁路）；管道运输是指以管道为工具的液体和气体物资运输。

冶金是指金属矿物的冶炼以及压延加工有关活动，包括：黑色金属、有色金属、黄金等的冶炼生产和加工处理活动，以及炭素、耐火材料等与主工艺流程配套的辅助工艺环节的生产。

机械制造是指各种动力机械、冶金矿山机械、运输机械、农业机械、工具、仪器、仪表、特种设备、大中型船舶、石油炼化装备及其他机械设备的制造活动。

武器装备研制生产与试验，包括武器装备和弹药的科研、生产、试验、储运、销毁、维修保障等。

第二章

第五条　煤炭生产企业依据开采的原煤产量按月提取。各类煤矿原煤单位产量安全费用提取标准如下：

（一）煤（岩）与瓦斯（二氧化碳）突出矿井、高瓦斯矿井吨煤 30 元；

（二）其他井工矿吨煤 15 元；

（三）露天矿吨煤 5 元。

矿井瓦斯等级划分按现行《煤矿安全规程》和《矿井瓦斯等级鉴定规范》的规定执行。

第六条　非煤矿山开采企业依据开采的原矿产量按月提取。各类矿山原矿单位产量安全费用提取标准如下：

（一）石油，每吨原油 17 元；

（二）天然气、煤层气（地面开采），每千立方米原气 5 元；

（三）金属矿山，其中露天矿山每吨 5 元，地下矿山每吨 10 元；

（四）核工业矿山，每吨 25 元；

（五）非金属矿山，其中露天矿山每吨 2 元，地下矿山每吨 4 元；

（六）小型露天采石场，即年采剥总量 50 万吨以下，且最大开采高度不超过 50 米，产品用于建筑、铺路的山坡型露天采石场，每吨 1 元；

（七）尾矿库按入库尾矿量计算，三等及三等以上尾矿库每吨 1 元，四等及五等尾矿库每吨 1.5 元。

本办法下发之日以前已经实施闭库的尾矿库，按照已堆存尾砂的有效库容大小提取，库容 100 万立方米以下的，每年提取 5 万元；超过 100 万立方米的，每增加 100 万立方米增加 3 万元，但每年提取额最高不超过 30 万元。

原矿产量不含金属、非金属矿山尾矿库和废石场中用于综合利用的尾砂和低品位矿石。

地质勘探单位安全费用按地质勘查项目或者工程总费用的 2% 提取。

第七条　建设工程施工企业以建筑安装工程造价为计提依据。各建设工程类别安全费用提取标准如下：

（一）矿山工程为 2.5%；

（二）房屋建筑工程、水利水电工程、电力工程、铁路工程、城市轨道交通工程为 2.0%；

（三）市政公用工程、冶炼工程、机电安装工程、化工石油工程、港口与航道工程、公路工程、通信工程为 1.5%。

建设工程施工企业提取的安全费用列入工程造价，在竞标时，不得删减，列入标外管理。国家对基本建设投资概算另有规定的，从其规定。

总包单位应当将安全费用按比例直接支付分包单位并监督使用，分包单位不再重复提取。

第八条　危险品生产与储存企业以上年度实际营业收入为计提依据，采取超额累退方式按照以下标准平均逐月提取：

（一）营业收入不超过1000万元的，按照4%提取；

（二）营业收入超过1000万元至1亿元的部分，按照2%提取；

（三）营业收入超过1亿元至10亿元的部分，按照0.5%提取；

（四）营业收入超过10亿元的部分，按照0.2%提取。

第九条 交通运输企业以上年度实际营业收入为计提依据，按照以下标准平均逐月提取：

（一）普通货运业务按照1%提取；

（二）客运业务、管道运输、危险品等特殊货运业务按照1.5%提取。

第十条 冶金企业以上年度实际营业收入为计提依据，采取超额累退方式按照以下标准平均逐月提取：

（一）营业收入不超过1000万元的，按照3%提取；

（二）营业收入超过1000万元至1亿元的部分，按照1.5%提取；

（三）营业收入超过1亿元至10亿元的部分，按照0.5%提取；

（四）营业收入超过10亿元至50亿元的部分，按照0.2%提取；

（五）营业收入超过50亿元至100亿元的部分，按照0.1%提取；

（六）营业收入超过100亿元的部分，按照0.05%提取。

第十一条 机械制造企业以上年度实际营业收入为计提依据，采取超额累退方式按照以下标准平均逐月提取：

（一）营业收入不超过1000万元的，按照2%提取；

（二）营业收入超过1000万元至1亿元的部分，按照1%提取；

（三）营业收入超过1亿元至10亿元的部分，按照0.2%提取；

（四）营业收入超过10亿元至50亿元的部分，按照0.1%提取；

（五）营业收入超过50亿元的部分，按照0.05%提取。

第十二条 烟花爆竹生产企业以上年度实际营业收入为计提依据，采取超额累退方式按照以下标准平均逐月提取：

（一）营业收入不超过200万元的，按照3.5%提取；

（二）营业收入超过200万元至500万元的部分，按照3%提取；

（三）营业收入超过500万元至1000万元的部分，按照2.5%提取；

（四）营业收入超过1000万元的部分，按照2%提取。

第十三条 武器装备研制生产与试验企业以上年度军品实际营业收入为计提依据，采取超额累退方式按照以下标准平均逐月提取：

（一）火炸药及其制品研制、生产与试验企业（包括：含能材料，炸药、火药、推进剂，发动机，弹箭，引信、火工品等）：

1. 营业收入不超过1000万元的，按照5%提取；

2. 营业收入超过1000万元至1亿元的部分，按照3%提取；

3. 营业收入超过1亿元至10亿元的部分，按照1%提取；

4. 营业收入超过10亿元的部分，按照0.5%提取。

（二）核装备及核燃料研制、生产与试验企业：

1. 营业收入不超过1000万元的，按照3%提取；

2. 营业收入超过1000万元至1亿元的部分，按照2%提取；

3. 营业收入超过1亿元至10亿元的部分，按照0.5%提取；

4. 营业收入超过10亿元的部分，按照0.2%提取。

5. 核工程按照3%提取（以工程造价为计提依据，在竞标时，列为标外管理）。

（三）军用舰船（含修理）研制、生产与试验企业：

1. 营业收入不超过1000万元的，按照2.5%提取；

2. 营业收入超过1000万元至1亿元的部分，按照1.75%提取；

3. 营业收入超过1亿元至10亿元的部分，按照0.8%提取；

4. 营业收入超过10亿元的部分，按照0.4%提取。

（四）飞船、卫星、军用飞机、坦克车辆、火炮、轻武器、大型天线等产品的总体、部分和元器件研制、生产与试验企业：

1. 营业收入不超过1000万元的，按照2%提取；

2. 营业收入超过1000万元至1亿元的部分，按照1.5%提取；

3. 营业收入超过1亿元至10亿元的部分，按照0.5%提取；

4. 营业收入超过10亿元至100亿元的部分，按照0.2%提取；

5. 营业收入超过 100 亿元的部分，按照 0.1% 提取。

（五）其他军用危险品研制、生产与试验企业：

1. 营业收入不超过 1000 万元的，按照 4% 提取；

2. 营业收入超过 1000 万元至 1 亿元的部分，按照 2% 提取；

3. 营业收入超过 1 亿元至 10 亿元的部分，按照 0.5% 提取；

4. 营业收入超过 10 亿元的部分，按照 0.2% 提取。

第十四条 中小微型企业和大型企业上年末安全费用结余分别达到本企业上年度营业收入的 5% 和 1.5% 时，经当地县级以上安全生产监督管理部门、煤矿安全监察机构商财政部门同意，企业本年度可以缓提或者少提安全费用。

企业规模划分标准按照工业和信息化部、国家统计局、国家发展和改革委员会、财政部《关于印发中小企业划型标准规定的通知》（工信部联企业〔2011〕300 号）规定执行。

第十五条 企业在上述标准的基础上，根据安全生产实际需要，可适当提高安全费用提取标准。

本办法公布前，各省级政府已制定下发企业安全费用提取使用办法的，其提取标准如果低于本办法规定的标准，应当按照本办法进行调整；如果高于本办法规定的标准，按照原标准执行。

第十六条 新建企业和投产不足一年的企业以当年实际营业收入为提取依据，按月计提安全费用。

混业经营企业，如能按业务类别分别核算的，则以各业务营业收入为计提依据，按上述标准分别提取安全费用；如不能分别核算的，则以全部业务收入为计提依据，按主营业务计提标准提取安全费用。

第三章

第十七条 煤炭生产企业安全费用应当按照以下范围使用：

（一）煤与瓦斯突出及高瓦斯矿井落实"两个四位一体"综合防突措施支出，包括瓦斯区域预抽、保护层开采区域防突措施、开展突出区域和局部预测、实施局部补充防突措施、更新改造防突设备和设施、建立突出防治实验室等支出；

（二）煤矿安全生产改造和重大隐患治理支出，包括"一通三防"（通风，防瓦斯、防煤尘、防灭火）、防治水、供电、运输等系统设备改造和灾害治理工程，实施煤矿机械化改造，实施矿压（冲击地压）、热害、露天矿边坡治理、采空区治理等支出；

（三）完善煤矿井下监测监控、人员定位、紧急避险、压风自救、供水施救和通信联络安全避险"六大系统"支出，应急救援技术装备、设施配置和维护保养支出，事故逃生和紧急避难设施设备的配置和应急演练支出；

（四）开展重大危险源和事故隐患评估、监控和整改支出；

（五）安全生产检查、评价（不包括新建、改建、扩建项目安全评价）、咨询、标准化建设支出；

（六）配备和更新现场作业人员安全防护用品支出；

（七）安全生产宣传、教育、培训支出；

（八）安全生产适用新技术、新工艺、新标准、新装备的推广应用支出；

（九）安全设施及特种设备检测检验支出；

（十）其他与安全生产直接相关的支出。

第十八条 非煤矿山开采企业安全费用应当按照以下范围使用：

（一）完善、改造和维护安全防护设施设备（不含"三同时"要求初期投入的安全设施）和重大安全隐患治理支出，包括矿山综合防尘、防灭火、防治水、危险气体监测、通风系统、支护及防治边帮滑坡设备、机电设备、供配电系统、运输（提升）系统和尾矿库等完善、改造和维护支出以及实施地压监测监控、露天矿边坡治理、采空区治理等支出；

（二）完善非煤矿山监测监控、人员定位、紧急避险、压风自救、供水施救和通信联络等安全避险"六大系统"支出，完善尾矿库全过程在线监控系统和海上石油开采出海人员动态跟踪系统支出，应急救援技术装备、设施配置及维护保养支出，事故逃生和紧急避难设施设备的配置和应急演练支出；

（三）开展重大危险源和事故隐患评估、监控和整改支出；

（四）安全生产检查、评价（不包括新建、改建、扩建项目安全评价）、咨询、标准化建设支出；

（五）配备和更新现场作业人员安全防护用品支出；

（六）安全生产宣传、教育、培训支出；

（七）安全生产适用的新装备、新技术、新工艺、新标准的推广应用支出；

（八）安全设施及特种设备检测检验支出；

（九）尾矿库闭库及闭库后维护费用支出；

（十）地质勘探单位野外应急食品、应急器械、应急药品支出；

（十一）其他与安全生产直接相关的支出。

第十九条 建设工程施工企业安全费用应当按照以下范围使用：

（一）完善、改造和维护安全防护设施设备（不含"三同时"要求初期投入的安全设施）支出，包括施工现场临时用电系统、洞口、临边、机械设备、高处作业防护、交叉作业防护、防火、防爆、防尘、防毒、防雷、防台风、防地质灾害、地下工程有害气体监测、通风、临时安全防护等设施设备支出；

（二）配备、维护、保养应急救援器材、设备支出和应急演练支出；

（三）开展重大危险源和事故隐患评估、监控和整改支出；

（四）安全生产检查、咨询、评价（不包括新建、改建、扩建项目安全评价）和标准化建设支出；

（五）配备和更新现场作业人员安全防护用品支出；

（六）安全生产宣传、教育、培训支出；

（七）安全生产适用的新技术、新装备、新工艺、新标准的推广应用支出；

（八）安全设施及特种设备检测检验支出；

（九）其他与安全生产直接相关的支出。

第二十条　危险品生产与储存企业安全费用应当按照以下范围使用：

（一）完善、改造和维护安全防护设施设备支出（不含"三同时"要求初期投入的安全设施），包括车间、库房、罐区等作业场所的监控、监测、通风、防晒、调温、防火、灭火、防爆、泄压、防毒、消毒、中和、防潮、防雷、防静电、防腐、防渗漏、防护围堤或者隔离操作等设施设备支出；

（二）配备、维护、保养应急救援器材、设备支出和应急演练支出；

（三）开展重大危险源和事故隐患评估、监控和整改支出；

（四）安全生产检查、评价（不包括改建、新建、扩建项目安全评价）、咨询和标准化建设支出；

（五）配备和更新现场作业人员安全防护用品支出；

（六）安全生产宣传、教育、培训支出；

（七）安全生产适用的新工艺、新标准、新技术、新装备的推广应用支出；

（八）安全设施及特种设备检测检验支出；

（九）其他与安全生产直接相关的支出。

第二十一条　交通运输企业安全费用应当按照以下范围使用：

（一）完善改造和维护安全防护设施设备支出（不含"三同时"要求初期投入的安全设施），包括道路、水路、铁路、管道运输设施设备和装卸工具安全状况检测及维护系统、运输设施设备和装卸工具附属安全设备等支出；

（二）购置、安装和使用具有行驶记录功能的车辆卫星定位装置、船舶通信导航定位和自动识别系统、电子海图等支出；

（三）配备、维护、保养应急救援器材、设备支出和应急演练支出；

（四）开展重大危险源和事故隐患评估、监控和整改支出；

（五）安全生产检查、评价（不包括新建、改建、扩建项目安全评价）、咨询及标准化建设支出；

（六）配备和更新现场作业人员安全防护用品支出；

（七）安全生产宣传、教育、培训支出；

（八）安全生产适用的新技术、新标准、新工艺、新装备的推广应用支出；

（九）安全设施及特种设备检测检验支出；

（十）其他与安全生产直接相关的支出。

第二十二条 冶金企业安全费用应当按照以下范围使用：

（一）完善、改造、维护安全防护设施设备支出（不含"三同时"要求初期投入的安全设施），包括车间、站、库房等作业场所的监控、监测、防火、防爆、防坠落、防尘、防毒、防噪声与振动、防辐射和隔离操作等设施设备支出；

（二）配备、维护、保养应急救援器材、设备支出和应急演练支出；

（三）开展重大危险源和事故隐患评估、监控和整改支出；

（四）安全生产检查、评价（不包括新建、改建、扩建项目安全评价）和咨询及标准化建设支出；

（五）安全生产宣传、教育、培训支出；

（六）配备和更新现场作业人员安全防护用品支出；

（七）安全生产适用的新技术、新工艺、新标准、新装备的推广应用支出；

（八）安全设施及特种设备检测检验支出；

（九）其他与安全生产直接相关的支出。

第二十三条 机械制造企业安全费用应当按照以下范围使用：

（一）完善、改造及维护安全防护设施设备支出（不含"三同时"要求初期投入的安全设施），包括生产作业场所的防火、防爆、防坠落、防毒、防静电、防腐、防尘、防噪声与振动、防辐射或者隔离操作等设施设备支出，大型起重机械安装安全监控管理系统支出；

（二）配备、维护、保养应急救援器材、设备支出和应急演练支出；

（三）开展重大危险源和事故隐患评估、监控和整改支出；

（四）安全生产检查、评价（不包括新建、改建、扩建项目安全评价）、标准化建设和咨询支出；

（五）安全生产宣传、教育、培训支出；

（六）配备和更新现场作业人员安全防护用品支出；

（七）安全生产适用的新技术、新标准、新工艺、新装备的推广应用；

（八）安全设施及特种设备检测检验支出；

（九）其他与安全生产直接相关的支出。

第二十四条 烟花爆竹生产企业安全费用应当按照以下范围使用：

（一）完善、改造和维护安全设备设施支出（不含"三同时"要求初期投入的安全设施）；

（二）配备、维护、保养防爆机械电器设备支出；

（三）配备、维护、保养应急救援器材、设备支出和应急演练支出；

（四）开展重大危险源和事故隐患评估、监控和整改支出；

（五）安全生产检查、评价（不包括新建、扩建、改建项目安全评价）、咨询和标准化建设支出；

（六）安全生产宣传、教育、培训支出；

（七）配备和更新现场作业人员安全防护用品支出；

（八）安全生产适用新技术、新标准、新装备、新工艺的推广应用支出；

（九）安全设施及特种设备检测检验支出；

（十）其他与安全生产直接相关的支出。

第二十五条 武器装备研制生产与试验企业安全费用应当按照以下范围使用：

（一）改造、完善和维护安全防护设施设备支出（不含"三同时"要求初期投入的安全设施），包括研究室、车间、库房、储罐区、外场试验区等作业场所的监控、监测、防触电、防坠落、防爆、泄压、防火、灭火、通风、防晒、调温、防毒、防雷、防静电、防腐、防尘、防噪声与振动、防辐射、防护围堤或者隔离操作等设施设备支出；

（二）配备、维护、保养应急救援、应急处置、特种个人防护器材、设备、设施支出和应急演练支出；

（三）开展重大危险源和事故隐患评估、监控和整改支出；

（四）高新技术和特种专用设备安全鉴定评估、安全性能检验检测及操作人员上岗培训支出；

（五）安全生产检查、评价（不包括新建、改建、扩建项目安全评价）、咨询和标准化建设的支出；

（六）安全生产宣传、教育、培训支出；

（七）军工核设施（含核废物）防泄漏、防辐射的设施设备支出；

（八）军工危险化学品、放射性物品及武器装备科研、试验、生产、储运、销毁、维修保障过程中的安全技术措施改造费和安全防护（不包括工作服）费用支出；

（九）大型复杂武器装备制造、安装、调试的特殊工种和特种作业人员培训支出；

（十）武器装备大型试验安全专项论证与安全防护费用支出；

（十一）特殊军工电子元器件制造过程中有毒有害物质监测及特种防护支出；

（十二）安全生产适用新技术、新标准、新工艺、新装备的推广应用支出；

（十三）其他与武器装备安全生产事项直接相关的支出。

第二十六条 在本办法规定的使用范围内，企业应当将安全费用优先用于满足安全生产监督管理部门、煤矿安全监察机构以及行业主管部门对企业安全生产提出的整改措施或者达到安全生产标准所需的支出。

第二十七条 企业提取的安全费用应当专户核算，按规定范围安排使用，不得挤占、挪用。年度结余资金结转下年度使用，当年计提安全费用不足的，超出部分按正常成本费用渠道列支。

主要承担安全管理责任的集团公司经过履行内部决策程序，可以对所属企业提取的安全费用按照一定比例集中管理，统筹使用。

第二十八条 煤炭生产企业和非煤矿山企业已提取维持简单再生产费用的，应当继续提取维持简单再生产费用，但其使用范围不再包含安全生产方面的用途。

第二十九条　矿山企业转产、停产、停业或者解散的，应当将安全费用结余转入矿山闭坑安全保障基金，用于矿山闭坑、尾矿库闭库后可能的危害治理和损失赔偿。

危险品生产与储存企业转产、停产、停业或者解散的，应当将安全费用结余用于处理转产、停产、停业或者解散前的危险品生产或者储存设备、库存产品及生产原料支出。

企业由于产权转让、公司制改建等变更股权结构或者组织形式的，其结余的安全费用应当继续按照本办法管理使用。

企业调整业务、终止经营或者依法清算，其结余的安全费用应当结转本期收益或者清算收益。

第三十条　本办法第二条规定范围以外的企业为达到应当具备的安全生产条件所需的资金投入，按原渠道列支。

第四章

第三十一条　企业应当建立健全内部安全费用管理制度，明确安全费用提取和使用的程序、职责及权限，按规定提取和使用安全费用。

第三十二条　企业应当加强安全费用管理，编制年度安全费用提取和使用计划，纳入企业财务预算。企业年度安全费用使用计划和上一年安全费用的提取、使用情况按照管理权限报同级财政部门、安全生产监督管理部门、煤矿安全监察机构和行业主管部门备案。

第三十三条　企业安全费用的会计处理，应当符合国家统一的会计制度的规定。

第三十四条　企业提取的安全费用属于企业自提自用资金，其他单位和部门不得采取收取、代管等形式对其进行集中管理和使用，国家法律、法规另有规定的除外。

第三十五条　各级财政部门、安全生产监督管理部门、煤矿安全监察机构和有关行业主管部门依法对企业安全费用提取、使用和管理进行监督检查。

第三十六条 企业未按本办法提取和使用安全费用的，安全生产监督管理部门、煤矿安全监察机构和行业主管部门会同财政部门责令其限期改正，并依照相关法律法规进行处理、处罚。

建设工程施工总承包单位未向分包单位支付必要的安全费用以及承包单位挪用安全费用的，由建设、交通运输、铁路、水利、安全生产监督管理、煤矿安全监察等主管部门依照相关法规、规章进行处理、处罚。

第三十七条 各省级财政部门、安全生产监督管理部门、煤矿安全监察机构可以结合本地区实际情况，制定具体实施办法，并报财政部、国家安全生产监督管理总局备案。

第五章

第三十八条 本办法由财政部、国家安全生产监督管理总局负责解释。

第三十九条 实行企业化管理的事业单位参照本办法执行。

第四十条 本办法自公布之日起施行。《关于调整煤炭生产安全费用提取标准加强煤炭生产安全费用使用管理与监督的通知》（财建〔2005〕168号）、《关于印发〈烟花爆竹生产企业安全费用提取与使用管理办法〉的通知》（财建〔2006〕180号）和《关于印发〈高危行业企业安全生产费用财务管理暂行办法〉的通知》（财企〔2006〕478号）同时废止。《关于印发＜煤炭生产安全费用提取和使用管理办法＞和＜关于规范煤矿维简费管理问题的若干规定＞的通知》（财建〔2004〕119号）等其他有关规定与本办法不一致的，以本办法为准。

五、黄河水利委员会安全生产规章制度

黄河水利委员会安全生产监督管理规定

（黄安监〔2015〕208 号　自 2015 年 7 月 1 日起施行）

第一章　总　则

第一条　为了加强全河安全生产工作，防止和减少生产安全事故（以下简称事故），保障从业人员的生命和财产安全，促进治黄事业科学发展、安全发展，根据《中华人民共和国安全生产法》等法律、法规，结合黄委实际，制定本规定。

第二条　本规定适用于黄委所属各单位、机关各部。

第三条　安全生产工作，应当以人为本，坚持安全发展，坚持安全第一、预防为主、综合治理的方针，强化和落实各单位的主体责任。

第四条　安全生产监督管理实行统一监督管理与分级监督管理相结合、综合监督管理与专业监督管理相结合的原则。

黄委安全生产监督管理部门对全河安全生产工作实施综合监督管理；黄委机关其他部门对业务范围内的安全生产工作实施专业监督管理，并抓好本部门安全生产相关工作，支持安全生产监督管理部门履行安全生产监督管理职责。

各单位安全生产监督管理部门对本单位安全生产工作实施综合监督管理；各单位其他部门对业务范围内的安全生产工作实施专业监督管理，并抓好本部门安全生产相关工作，支持安全生产监督管理部门履行安全生产监督管理职责。

第五条　各单位是安全生产工作的责任主体，必须依法加强安全生产管理，建立、健全安全生产责任制和安全生产规章制度，改善安全生产条件，推进安全生产标准化建设，提高安全生产水平，确保安全生产。

各单位主要负责人是本单位安全生产工作的第一责任人，对本单位安全生产工作负全面领导责任；分管安全生产工作的负责人对本单位安全生产工作负综合监管领导责任；分管其他业务工作的负责人对本单位分管业务范围内的安全生产工作负直接领导责任。

第六条 坚持管行业必须管安全、管业务必须管安全、管生产经营必须管安全和党政同责、一岗双责原则，应当把安全生产工作与业务工作同时计划、同时布置、同时检查、同时总结、同时评比。

第七条 各单位从业人员有依法获得安全生产保障的权利，并应当依法履行安全生产方面的义务。

第八条 各级工会依法对本单位安全生产工作进行监督。依法组织职工参加本单位安全生产工作的民主管理和民主监督，维护职工在安全生产方面的合法权益。

第二章 安全生产保障

第九条 各单位应当建立、健全安全生产责任制，实行安全生产目标管理，层层签订安全生产责任状，逐人签订安全生产承诺书，形成一级抓一级，层层抓落实的安全生产责任体系。

第十条 各单位安全生产工作职责：

（一）贯彻执行国家安全生产方针政策和安全生产法律、法规、规章；

（二）建立、健全本单位安全生产监督管理机构，加强安全生产监督管理队伍建设，依法配备专（兼）职安全生产监督管理人员；

（三）制定本单位安全生产计划并实施，保证本单位安全生产投入并有效实施；

（四）制定本单位安全生产监督管理制度和安全操作规程并监督实施；

（五）开展安全生产监督检查，杜绝违章指挥、强令冒险作业和违反操作规程现象；

（六）开展安全生产宣传、教育和培训；

（七）总结推广安全生产先进技术和先进经验，表彰本单位在安全生产工作中做出贡献的集体或者个人；

（八）按规定按时、如实报告生产安全事故；

（九）按照职权分工和"四不放过"原则，组织事故调查和处理；

（十）必须执行依法制定的保障安全生产的国家标准或者行业标准以及法律、法规规定的其他安全生产责任。

第十一条 各单位应当组织开展经常性的安全生产检查，对检查中发现的安全问题，应当立即处理。不能立即处理的，应当采取有效的安全防护措施。检查及处理情况应当记录在案。

第十二条 各单位对本单位事故隐患排查治理负责，应当建立、健全事故隐患排查治理制度，定期组织排查本单位事故隐患，及时发现并消除事故隐患。

第十三条 各单位应当建立、健全本单位事故隐患台帐，如实记录事故隐患排查治理情况，做到治理措施、责任、资金、时限和应急预案"五到位"，并及时录入水利安全生产信息上报系统。

第十四条 各单位应当具备的安全生产条件和事故隐患排查治理所必需的资金投入，由本单位予以保证，并对由于资金投入不足导致的后果承担责任。

生产经营单位应当按照国家规定提取安全费用。

工程建设项目安全费用应当纳入概预算，专款专用。

第十五条 各单位应当制定并实施本单位事故应急救援预案，建立、健全应急救援体系，增强应急救援处置能力。

第十六条 各单位应当充分利用网络、报纸、板报、讲座、图片等形式，开展经常性的安全生产宣传教育，提高从业人员的安全生产意识。

第十七条 各单位应当对从业人员进行安全生产教育和培训，保证从业人员具备必要的安全生产知识，熟悉有关的安全生产规章制度和安全操作规程，掌握本岗位的安全操作技能，了解事故应急处理措施，知悉自身在安全生产方面的权利和义务。未经安全生产教育和培训合格的从业人员，不得上岗作业。

各单位使用外聘人员或者临时用工的，应当将外聘人员或者临时用工纳入本单位从业人员统一管理，对外聘人员或者临时用工进行岗位安全操作规程和安全操作技能的教育和培训，并做好记录。提供必要的劳动防护用品。

第十八条 对调换工种或者采用新工艺、新技术、新材料及使用新设备的从业人员，应当进行专门的安全生产教育和培训。培训合格后，方可上岗。

第十九条 特种作业人员必须按照国家有关规定经专门的安全作业培训，取得相应资格，方可上岗作业。

第二十条 水利水电工程施工企业主要负责人、项目负责人和专职安全生产管理人员应当具备与本单位所从事的业务活动相应的安全生产知识和管理能力，必须经水行政主管部门安全生产考核，考核合格取得安全生产考核合格证书后，方可担任相应职务。

第二十一条 各单位应当定期召开安全生产会议或者专题会议，分析本单位安全生产形势，部署本单位安全生产工作，研究解决本单位安全生产工作中的重大问题。

第二十二条 各单位新建、改建、扩建工程项目的安全设施，应当与主体工程同时设计、同时施工、同时投入生产和使用。安全设施投资应当纳入建设项目概算。

第二十三条 各单位不得将本单位房屋、场所、设备和生产经营项目等出租或者发包给不具备安全生产条件或者相应资质的单位或者个人。

房屋、场所、设备和生产经营项目等出租或者发包给其他单位或者个人的，应当与承租单位、承包单位或者个人签订专门的安全生产管理协议，或者在租赁合同、承包合同中约定各自的安全生产管理职责；出租或者发包单位应当对承租单位、承包单位或者个人的安全生产工作统一协调、管理，定期进行安全检查，发现安全问题的，应当及时督促整改。

第二十四条 各单位应当积极改善安全生产条件，完善安全生产防护设施，设置安全警示标志，配备安全生产工作必备的器材。安全防护设施、安全警示标志等应当符合国家有关标准和规定，进行经常性维护、检修，确保安全防护效果。

第二十五条 各单位应当教育和督促从业人员严格执行本单位的安全生

产规章制度和安全操作规程；并向从业人员如实告知作业场所和工作岗位存在的危险因素、防范措施以及事故应急措施。

第二十六条　各单位应当做好劳动保护和职业卫生工作，按照国家规定为从业人员提供符合国家标准或者行业标准的劳动防护用品，并监督、教育从业人员按照使用规则佩戴、使用。

第二十七条　各有关单位应当按照水利安全生产标准化建设的要求，开展本单位安全生产标准化建设。

第二十八条　各单位应当安排用于配备劳动防护用品、进行安全生产培训的经费。

第二十九条　各单位必须依法参加工伤保险，为从业人员缴纳保险费。

第三章　安全生产监督管理

第三十条　各单位安全生产监督管理部门对本单位安全生产工作实施综合监督管理，履行以下安全生产监督管理职责：

（一）贯彻执行国家有关安全生产的方针政策和安全生产法律、法规、规章，接受上级主管部门的指导和检查；

（二）组织制定本单位安全生产工作计划和安全生产监督管理制度，会同有关部门制定有关安全生产操作规程并督促落实；

（三）组织开展安全生产综合监督检查，制止和查处违章指挥、强令冒险作业、违犯操作规程的行为，督促有关单位及时治理事故隐患；

（四）组织开展安全生产宣传、教育和培训，推广安全生产先进技术和先进经验；

（五）组织制定本单位综合性事故应急预案并实施；

（六）组织开展本单位安全生产标准化建设；

（七）做好事故调查、处理工作；

（八）按规定上报事故，并进行统计、分析；

（九）组织对所属单位安全生产工作的考评，提出奖惩意见；

（十）受理有关安全生产的举报；

（十一）督促发放、使用劳动防护用品；

（十二）法律、法规规定的其他安全生产监督管理职责。

第三十一条　各单位其他部门对业务范围内的安全生产工作实施专业监督管理，应当履行以下安全生产监督管理职责：

（一）贯彻执行国家有关安全生产的方针政策和安全生产法律、法规、规章，接受上级主管部门的指导和检查；

（二）组织制定专项安全生产监督检查计划和专项安全生产监督管理制度，会同有关部门制定有关业务范围内安全操作规程并督促落实；

（三）组织开展安全生产专项监督检查，制止和查处违章指挥、强令冒险作业、违犯操作规程的行为，督促有关单位及时治理事故隐患；

（四）组织开展专项安全生产宣传、教育和培训；

（五）组织制定本单位专项事故应急预案并实施；

（六）法律、法规规定的其他安全生产监督管理职责。

第三十二条　各单位应当结合本单位工作特点，以预防为主，积极开展安全生产监督检查，提高监督检查质量。

重要活动期间和国家规定的重要节假日前应当开展安全生产监督检查。

第三十三条　安全生产监督检查人员依法履行监督检查职责，各单位应当予以配合，不得拒绝、阻挠。

第三十四条　安全生产监督检查人员应当将检查的时间、地点、内容、发现的问题及处理情况，作出书面记录，并由检查人员和被检查单位有关人员签字。

第三十五条　安全生产监督管理部门和其他部门在安全生产监督管理工作中，应当互相配合、互通情况，必要时实行联合检查。

第三十六条　各单位应当建立事故隐患排查治理督办制度，对较大、重大事故隐患实行挂牌督办。

第三十七条　对检查中发现的较大、重大事故隐患，安全生产监督管理部门应当及时下达事故隐患治理通知，督促隐患责任单位限期治理，跟踪检查有关防范措施、监控措施落实情况，及时掌握事故隐患治理进度，依法督促隐患责任单位彻底消除事故隐患。

第三十八条 对一次性危险作业（活动）实行安全审核制度。

第三十九条 各单位不得违章指挥或者强令从业人员冒险作业。

从业人员有权了解其作业场所和工作岗位存在的危险因素、防范措施及事故应急措施，有权对本单位安全生产工作中存在的问题提出建议、批评、检举、控告，有权拒绝违章指挥或者强令冒险作业。

第四十条 从业人员应当遵守安全生产法律、法规、规章制度和操作规程，服从管理，及时报告事故和事故隐患，积极参加事故抢险救援。

第四十一条 各单位应当保障安全生产监督管理工作必要的管理经费。安全生产监督管理经费应当按照预算专款专用。

第四十二条 实行安全生产工作考核。各单位应当加强对安全生产责任制落实情况的监督考核，制定具体的安全生产考核标准，进行安全生产考核。

第四章　事故报告和调查处理

第四十三条 根据黄委安全生产工作实际，本规定所称的事故包括从业人员在生产经营过程中发生的人身伤害、急性中毒事故、火灾和爆炸事故、交通事故、设备安全事故等。

第四十四条 按照事故管理从严的原则，为强化黄委内部安全生产监督管理，将黄委事故按下列标准分为四级：

（一）一级事故：指造成3人以上死亡，或者20人以上重伤，或者300万元以上直接经济损失的事故；

（二）二级事故：指造成2人死亡，或者10人以上20人以下重伤，或者20人以上轻伤，或者150万元以上300万元以下直接经济损失的事故；

（三）三级事故：指造成1人死亡，或者4人以上10人以下重伤，或者10人以上20人以下轻伤，或者50万元以上150万元以下直接经济损失的事故；

（四）四级事故：指造成1人以上4人以下重伤，或者3人以上10人以下轻伤，或者10万元以上50万元以下直接经济损失的事故。

本条所称的"以上"包括本数，所称的"以下"不包括本数。达不到四级事故标准的事故称为"非等级事故"。

第四十五条 根据事故发生单位和事故当事人应当承担事故责任的大小，将事故分为责任事故和非责任事故。其中交通责任事故指主要责任事故和完全责任事故。

第四十六条 严格事故报告制度。事故发生后，事故现场有关人员应当立即报告本单位负责人，其单位负责人接到事故报告后，应当逐级向上级主管单位报告。

凡本单位发生的各类事故，除按照国家有关规定报告当地人民政府有关部门外，无论责任大小，都必须逐级上报。

第四十七条 事故先电话上报，再以书面形式上报。

电话上报：一级事故必须在 1 小时内报告到黄委安全生产监督管理部门；二级事故必须在 2 小时内报告到黄委安全生产监督管理部门；三级事故必须在 4 小时内报告到黄委安全生产监督管理部门；四级事故必须在 8 小时内报告到黄委安全生产监督管理部门。非等级事故应当在 48 小时内报告到黄委安全生产监督管理部门。

书面上报：书面上报必须填报《黄委生产安全事故（登记）呈报表》（见附件）。一级事故必须在 6 小时内报到黄委安全生产监督管理部门；二级事故必须在 12 小时内报到黄委安全生产监督管理部门；三级事故必须在 24 小时内报到黄委安全生产监督管理部门；四级事故必须在 48 小时内报到黄委安全生产监督管理部门。影响较大的非等级事故要在 1 周内报到黄委安全生产监督管理部门。

第四十八条 报告事故包括下列内容：

（一）事故发生单位概况；

（二）事故发生的时间、地点以及事故现场情况；

（三）事故的简要经过；

（四）事故已经造成或者可能造成的伤亡人数（包括下落不明的人数）和初步估算的直接经济损失；

（五）已经采取的措施；

（六）其它应当报告的情况。

第四十九条 接到事故报告后，事故发生单位要立即派员赶赴事故现场，组织抢救受伤人员，采取有效措施，防止事故扩大，减少人员伤亡和财产损失，并保护好现场。必要时启动相应应急救援预案。

第五十条 事故调查按照事故等级采取分级组织调查的原则进行：

（一）一级事故由黄委组织调查，委属单位配合；

（二）二级、三级、四级事故由委属有关单位组织调查，事故发生单位配合，黄委安全生产监督管理部门监督；

（三）委机关部门发生等级事故，由黄委安全生产监督管理部门组织调查，有关部门配合。

上级单位可以根据实际情况直接对下级单位事故进行调查。

第五十一条 事故调查组应当自事故发生之日起60日内提交事故调查报告，事故调查报告应当作为事故处理的依据。

第五十二条 事故调查报告应当包括下列内容：

（一）事故发生的经过和事故抢救情况；

（二）事故造成的人员伤亡和直接经济损失情况；

（三）事故发生原因和事故性质；

（四）事故责任的划分以及对责任者的处理建议；

（五）事故教训和应当采取的防范措施；

（六）其他应当报告的事项。

事故调查报告应当附具有关证据材料。事故调查组成员应当在事故调查报告上签名。

第五十三条 事故处理权限：

（一）一级事故由黄委作出处理决定；

（二）二级、三级、四级事故由委属有关单位作出处理决定，报黄委备案；

（三）委机关部门发生等级事故，由黄委安全生产监督管理部门组织的调查组提出初步处理建议，报黄委批复；

（四）事故的等级和定性最终由黄委审核确定。

第五十四条 实行事故"零"统计制度。各单位每月 4 日前应当将本单位上月发生的各类事故（含非等级事故）情况进行统计并报黄委安全生产监督管理部门。

第五章 安全生产奖励与处罚

第五十五条 各单位对在改善安全生产条件、防止事故、消除事故隐患、参加抢险救护、举报安全生产违法行为等方面取得显著成绩的单位或者个人，应当给予表彰和奖励。

第五十六条 凡具备下列必备条件，并具备其它条件之一的单位或者个人应当给予奖励：

（一）必备条件

1、贯彻执行国家安全生产方针政策和安全生产法律、法规、规章及本规定和本单位的安全生产规章制度、操作规程，成绩显著者；

2、改善安全生产条件，控制职业病的发生，保障从业人员身体健康，成绩显著者；

3、控制事故发生成绩显著者。

（二）其它条件

1、在组织或者参加安全生产活动中，成绩显著者；

2、在安全技术革新、安全管理创新等方面，成效显著者；

3、在消除事故隐患或者事故救援中，成绩显著者。

第五十七条 奖励分荣誉奖和物质奖两种，可以单独使用，也可以合并使用。

（一）荣誉奖分为授予"安全生产先进集体"、"安全生产先进个人"等称号，予以通报表彰；

（二）物质奖可奖励实物或者现金。

第五十八条 各单位应当根据本单位实际，在符合国家相关规定的前提下，对受表彰的安全生产先进集体或者安全生产先进个人给予一定的物质奖励。

对在安全生产工作中做出重大贡献的安全生产先进集体或者安全生产先进个人，实行重奖。

第五十九条　严格安全生产责任追究。凡在安全生产工作中存在违法违纪行为的，按照国家有关法律法规和《黄河水利委员会安全生产责任追究办法》给予责任追究。

第六章　附　则

第六十条　本规定自 2015 年 7 月 1 日起施行；原《黄河水利委员会安全生产管理规定》（黄安监〔2011〕4 号）同时废止。

附件

黄委生产安全事故（登记）呈报表

事故发生单位			事故类别		
事故发生时间			事故当事人		
事故发生地点			初估直接经济损失		
事故责任					
伤亡情况	死亡		重伤		轻伤	
其中职工伤亡情况	死亡		重伤		轻伤	

事故经过：

基层单位安全部门意见：

　　　　　　　　　　　　　　　　　　　　　　年　月　日

基层单位意见：

　　　　　　　　　　　　　　　　　　　　　　年　月　日

领导批示：

呈报单位（盖章）		签发人	
呈报人			
呈报方式		呈报时间	

黄河水利委员会安全生产责任制度

（黄安监〔2015〕249号　自2015年6月22日起施行）

第一章　总　则

第一条　为进一步落实安全生产责任制，明确安全生产责任，防止和减少生产安全事故，根据《中华人民共和国安全生产法》、《黄河水利委员会安全生产监督管理规定》，结合黄委实际，制定本制度。

第二条　黄委安全生产工作实行全员责任制，各单位应当建立、健全安全生产责任制，实行安全生产目标管理，层层签订安全生产责任状，逐人签订安全生产承诺书，形成"党政同责、一岗双责、齐抓共管"的安全生产责任体系，着力构建"统一领导、依法监管、分级负责、全员参与"的黄河安全生产工作格局。

第三条　各单位应当把安全生产工作纳入年度目标任务，与业务工作同时计划、同时布置、同时检查、同时考核、同时评比，各级领导干部应当履行安全生产"一岗双责"。单位主要负责人是本单位安全生产工作的第一责任人，对本单位安全生产工作负全面领导责任；分管安全生产工作的负责人对本单位安全生产工作负综合监管领导责任；分管其他业务工作的负责人对本单位分管业务范围内的安全生产工作负直接领导责任。

第四条　各单位要贯彻"安全第一、预防为主、综合治理"的方针，督促落实安全生产责任制，强化安全生产监督管理。

第二章　责任内容

第五条　各单位的主要负责人对本单位安全生产工作履行下列职责：

（一）贯彻执行国家安全生产方针政策和安全生产法律、法规、规章；

（二）建立、健全本单位安全生产责任制；

（三）听取安全生产工作汇报，及时对本单位安全生产工作重大问题进行决策部署；

（四）加强安全生产监督管理队伍建设，依法配备专（兼）职安全生产监督管理人员；

（五）保证本单位安全生产投入并有效实施；

（六）督促、检查本单位安全生产工作，及时消除事故隐患；

（七）及时、如实报告生产安全事故；

（八）法律、法规规定的其他安全生产监督管理职责。

第六条 各单位分管安全生产工作的负责人对本单位安全生产工作履行下列职责：

（一）贯彻执行国家安全生产方针政策和安全生产法律、法规、规章；

（二）研究安全生产工作，协调解决安全生产工作中存在的问题；

（三）组织制定本单位安全生产规章制度和操作规程；

（四）组织制定并实施本单位安全生产教育和培训计划；

（五）组织开展安全生产监督检查，督促事故隐患处理；

（六）组织制定并实施本单位的生产安全事故应急救援预案；

（七）组织事故调查和处理；

（八）推进安全生产标准化建设；

（九）法律、法规规定的其他安全生产监督管理职责。

第七条 各单位分管其他业务工作的负责人对本单位分管业务范围内安全生产工作履行下列职责：

（一）贯彻执行国际有关安全生产的方针政策和安全生产法律、法规、规章；

（二）及时研究解决分管业务范围内安全生产工作存在的问题；

（三）组织制定专项安全生产监督管理制度和操作规程并督促落实；

（四）组织安全生产专项监督检查；

（五）组织专项安全生产宣传、教育和培训；

（六）组织制定本单位专项事故应急预案并组织实施；

（七）组织或参与事故调查和处理；

（八）法律、法规规定的其他安全生产监督管理职责。

第八条 各单位安全生产监督管理部门负责人对本单位安全生产工作履行下列职责：

（一）贯彻执行国家有关安全生产的方针政策和安全生产法律、法规、规章以及上级关于安全生产工作的决策部署；

（二）组织制定本单位安全生产工作计划和安全生产监督管理制度，会同有关部门制定有关安全生产操作规程并督促落实；

（三）组织开展安全生产综合监督检查，制止和纠正违章指挥、强令冒险作业、违反操作规程的行为，督促有关单位及时治理事故隐患；

（四）组织开展安全生产宣传、教育和培训，推广安全生产先进技术和先进经验；

（五）组织制定本单位综合性应急救援预案并组织实施；

（六）组织开展本单位安全生产标准化建设；

（七）组织或参与事故调查和处理；

（八）组织做好事故报告、统计和分析工作；

（九）组织对所属单位安全生产工作的考评，提出奖惩意见；

（十）法律、法规规定的其他安全生产监督管理职责。

第九条 各单位其他业务部门负责人在业务范围内安全生产工作履行下列职责：

（一）贯彻执行国家有关安全生产的方针政策和安全生产法律、法规、规章以及上级有关安全生产工作的决策部署；

（二）组织制定专项安全生产监督检查计划和专项安全生产监督管理制度，会同有关部门制定有关业务范围内操作规程并督促落实；

（三）组织开展安全生产专项监督检查，制止和查处违章指挥、强令冒险作业、违反操作规程的行为，督促有关单位及时治理事故隐患；

（四）组织开展专项安全生产宣传、教育和培训；

（五）组织制定本单位专项事故应急预案并组织实施；

（六）参与事故调查和处理；

（七）法律、法规规定的其他安全生产监督管理职责。

第十条 各级安全生产监督管理人员履行下列安全生产工作职责：

（一）组织或者参与制定本单位安全生产规章制度、操作规程并监督实施；

（二）组织或者参与本单位安全生产宣传、教育和培训，如实记录安全生产培训情况；

（三）督查落实本单位重大危险源的安全管理措施；

（四）参与制定本单位生产安全事故应急救援预案，并组织或者参与本单位应急救援演练；

（五）实施安全生产监督检查，制止和纠正违章指挥、强令冒险作业、违反操作规程的行为，督促事故隐患治理；

（六）报告生产安全事故，参与事故调查处理，进行事故统计和分析；

（七）监督劳动防护用品的采购、发放、佩戴和使用；

（八）法律、法规规定的其他安全生产监督管理职责。

第十一条 一线生产班组负责人履行下列安全生产工作职责：

（一）执行有关安全生产规章制度和操作规程；

（二）组织岗位安全生产教育培训并做好记录；

（三）组织学习操作规程，检查执行情况，制止违章作业；

（四）开展经常性安全生产检查，发现事故隐患及时整改。对不能立即排除的事故隐患要采取临时控制措施，并及时报告；

（五）认真执行值班制度和交接班制度；

（六）教育职工正确佩戴、使用劳动防护用品；

（七）发生生产安全事故，应当采取措施控制并保护事故现场，并及时向上级报告。

第十二条 职工岗位履行下列安全生产工作职责：

（一）学习安全生产法律、法规和规章，自觉接受安全教育，牢固树立安全生产意识，掌握本岗位工作所需的安全生产知识，提高安全生产技能，增强事故预防和应急处置能力；

（二）严格遵守本单位安全生产规章制度和操作规程，服从管理，正确佩戴和使用劳动防护用品；

（三）签订并严格履行安全生产承诺书，保证个人岗位安全，保证不因个人原因影响他人和公共安全；

（四）发现事故隐患或者其他不安全因素，应当立即向现场安全生产管理人员或者本单位负责人报告；

（五）发生生产安全事故，应当采取措施控制并保护事故现场，并及时向上级报告。

第三章　附　则

第十三条　各单位应当结合本单位实际，制定安全生产责任制度，把安全生产责任制落实到人。

第十四条　本制度自印发之日起施行。原《黄河水利委员会安全生产责任制度（试行）》（黄安监〔2011〕21号）同时废止。

黄河水利委员会安全生产委员会成员单位安全生产工作职责

（黄安监〔2015〕174 号　自 2015 年 5 月 4 日起施行）

根据习近平总书记关于"安全生产要党政同责、一岗双责、齐抓共管"、"坚持管行业必须管安全、管业务必须管安全、管生产经营必须管安全"、"落实行业主管部门直接监管、安全监管部门综合监管、地方政府属地监管"指示精神和《中华人民共和国安全生产法》等有关法律、行政法规及规范性文件规定，结合黄委工作实际，现将黄河水利委员会安全生产委员会（以下简称委安委会）成员单位安全生产工作主要职责明确如下：

办公室： 指导全河安全生产宣传工作。

规划计划局： 监督检查委直属基建项目涉及安全生产方面投资计划执行情况。

水政局： 负责并组织实施授权范围内河道管理范围内跨河、穿河、穿堤、临河的建设项目建设与运行中影响防洪安全、堤防安全监督检查；负责并组织实施直管河段及授权河段河道采砂影响防洪安全、河势稳定、堤防安全监督检查；负责直管河段自建自营黄河浮桥的安全监督管理。

财务局： 负责委机关和委属单位安全生产工作经费保障工作，监督检查经费使用情况。

人事劳动局： 指导委属单位开展职工劳动保护；指导督促委属单位落实因工（公）伤残抚恤政策和工伤保险政策；负责安全生产教育培训工作的归口管理；参与生产安全事故调查处理。

国际合作与科技局： 负责水利安全生产科技项目组织和科技成果管理工作，指导水利安全生产技术推广工作。指导委属水利科研单位安全生产工作。

建设与管理局： 负责直管堤防、岸线、水库、闸坝等水利工程建设与运行的安全监督管理；组织实施直管水利工程建设与运行安全专项监督检查。

水土保持局：指导、监督委属单位水土保持工程建设安全生产；负责直属淤地坝工程建设与运行的安全监督管理；协调组织实施直属淤地坝工程安全专项监督检查。

安全监督局：指导全河安全生产工作；负责全河安全生产综合监督管理；组织拟订全河安全生产的规章、制度和办法并监督实施；牵头组织实施以委安委会名义开展的安全生产综合监督检查或专项监督检查；按照职责分工，组织或参与生产安全事故的调查处理；监督直属水利工程项目安全设施"三同时"落实情况；组织、协调或参与安全生产应急救援工作；负责全河生产安全事故报告和统计分析工作；组织、指导全河安全生产宣传教育培训工作；按照职责分工，对直属水利水电建设项目的安全评价工作及评价意见的落实情况进行监督；承担委安委会办公室的日常工作。

防汛办公室：负责监督检查全河防汛工作中的安全生产工作；负责全河防汛物资仓库的安全监督管理；组织实施防汛安全专项监督检查。

黄河工会：配合有关部门指导、监督、检查全河安全生产工作，维护职工在安全生产方面的合法权益；参与生产安全事故调查处理。

黄河水利委员会安全生产"一岗双责"暂行规定

（黄安监〔2015〕256 号 自 2015 年 6 月 22 日起施行）

第一条 为了加强对安全生产工作的领导，明确和落实各级领导干部的安全生产工作责任，建立"党政同责、一岗双责、齐抓共管"的安全生产责任体系，有效防范各类生产安全事故，根据《中华人民共和国安全生产法》、《黄河水利委员会安全生产监督管理规定》，制定本规定。

第二条 本规定所称"一岗双责"，是指各级领导干部在履行岗位业务工作职责的同时，按照"谁主管、谁负责"、"管行业必须管安全、管业务必须管安全、管生产经营必须管安全"的原则，履行安全生产工作职责。

第三条 本规定适用于黄委所属各单位。

第四条 黄委安全生产工作实行统一监督管理与分级监督管理相结合，综合监督管理与专业监督管理相结合的原则。

黄委安全生产监督管理部门对全河安全生产工作实施综合监督管理；黄委机关其他部门对业务范围内的安全生产工作实施专业监督管理。

各单位安全生产监督管理部门对本单位安全生产工作实施综合监督管理；各单位其他部门对业务范围内的安全生产工作实施专业监督管理。

第五条 各单位是安全生产工作的责任主体，必须强化和落实安全生产工作的主体责任。

第六条 黄委各级领导干部应当履行《中华人民共和国安全生产法》、《黄河水利委员会安全生产责任制度》所规定的安全生产工作职责。

第七条 各单位（部门）主要负责人对本单位安全生产工作负全面领导责任，是本单位安全生产第一责任人。应当严格落实安全生产行政首长负责制和"一岗双责"责任制，把安全生产工作与业务工作同时计划、同时布置、同时检查、同时总结、同时评比。及时研究解决安全生产工作存在的问题，保证本单位安全生产投入的有效实施。

第八条 各单位分管安全生产工作的负责人对本单位安全生产工作负综合监管领导责任，协助本单位主要负责人对本单位的安全生产工作实行具体领导，定期听取安全生产工作汇报，定期检查事故隐患排查治理情况。

第九条 各单位分管其他业务工作的负责人对本单分管业务范围内的安全生产工作负直接领导责任。协助本单位主要负责人做好分管业务范围内的安全生产工作，支持分管安全生产工作的负责人抓好相关工作。

第十条 实行安全生产工作考核。黄委安委会年终对各单位安全生产工作进行全面考核，考核结果全河通报。

各单位应当结合本单位实际，开展安全生产工作年度考核。

第十一条 实行安全生产工作约谈。发生一级水利生产安全责任事故，由黄委主要负责人约谈有关单位主要负责人；发生二级水利生产安全责任事故，由黄委分管安全生产工作的负责人约谈有关单位主要负责人；发生三级水利生产安全责任事故，由黄委安全生产监督管理部门主要负责人约谈有关单位分管安全生产工作的负责人。

第十二条 实行安全生产问责制。各级领导干部未履行或者未正确履行安全生产工作职责，导致发生生产安全责任事故，造成人员伤亡或者重大经济损失等严重后果的，要按照"四不放过"原则，调查分析原因，划清领导责任，依法依规予以问责。

第十三条 实行安全生产"一票否决"制。对生产安全事故起数或者死亡人员未控制在当年签订的安全生产责任状控制指标之内的单位实施"一票否决"，取消其年度综合性荣誉评奖资格。

第十四条 本规定自印发之日起试行。

关于在全河从业人员中实行
安全生产承诺制的通知

（黄安监〔2011〕6 号　自 2011 年 4 月 21 日起施行）

委属各单位、机关各部门：

根据 2011 年黄河水利委员会安全生产委员会第 1 次、第 2 次全体会议和 2011 年全河安全生产工作会议精神，黄委将在全体从业人员中实行安全生产承诺制。各单位（部门）从业人员都要根据本岗位工作特点签订安全生产承诺书，把安全生产的责任落实到各个岗位和每位从业人员，进一步增强广大从业人员的安全意识、责任意识。

委安全监督局初步拟定了《黄委从业人员安全生产承诺书》样表，分管理（干部）岗位和技能（工人）岗位两种，仅供参考。请各单位（部门）结合本单位（部门）实际，针对每个岗位安全管理不同要求，制定符合每个岗位特点和实际工作需要的安全生产承诺书，并于 2015 年 5 月底以前签订完毕。

《黄委从业人员安全生产承诺书》一式两份，从业人员个人留存一份，统一交本单位安全生产监督管理部门保存一份。委机关工作人员的安全生产承诺书由各部门负责人签字后，个人留存一份，统一交委安全监督局保存一份。从业人员安全生产承诺书一次签订，长期有效。

对调换单位（部门）、调换工作岗位的从业人员，应当重新签订新的岗位安全生产承诺书。新参加工作的从业人员，上岗后必须签订安全生产承诺书。

附表：1、黄委从业人员（管理岗位）安全生产承诺书（表样）
　　　2、黄委从业人员（工人岗位）安全生产承诺书（表样）

附表一

黄委从业人员（管理岗位）安全生产承诺书（样表）

姓名		工作单位（部门）		岗位	

我承诺：

1、认真履行本岗位安全职责，确保本岗位安全，不因个人原因影响他人和公共安全。

2、自觉接受安全教育和培训，积极参加各类安全生产活动，增强事故预防和应急处置能力。

3、发现事故隐患或者不安全因素，立即向单位（部门）负责人报告，同时采取必要的防范措施，防止事故发生。

4、熟悉并掌握本岗位安全技术要求，会使用消防器材，会扑救初期火险，熟悉本岗位应急逃生路线。

5、不在办公场所私自存放易燃易爆等危险物品。

6、下班后关闭办公室内所有用电设备，切断电源。

7、不在办公场所私自乱拉电线和擅自使用电器设备。

8、不在办公场所焚烧废弃物品和文件纸张。

9、不在禁烟区抽烟，不乱扔烟头。

10、自觉遵守交通法规。

如违背承诺，因本人原因引发安全事故，造成不良影响或者经济损失，本人愿承担相应的责任。

承诺人：

年　月　日

注：本表一式二份，单位保存一份，个人留存一份。

附表二

黄委从业人员（工人岗位）安全生产承诺书（样表）

姓名		工作单位（部门）		岗位	

我承诺：

1、认真履行本岗位安全职责，确保本岗位安全，不因个人原因影响他人和公共安全。

2、熟悉本岗位安全技术要求，熟练掌握并严格遵守本岗位安全操作规程；熟悉、掌握和遵守配合作业的相关工种的安全操作规程。

3、自觉接受安全教育和培训，积极参加各类安全生产活动，增强事故预防和应急处置能力。

4、发现事故隐患或不安全因素，立即向单位（部门）负责人报告，同时采取必要的防范措施，防止事故发生。

5、掌握本岗位事故应急救援预案，会使用应急处置器材，会扑救初期火险，熟悉本岗位应急逃生路线。。

6、遵守作业纪律，做好交接班作业，不擅离作业岗位，未经许可，不将自己的工作交给他人，不随意操作他人机械设备。

7、按规定穿戴好个人安全防护用品。

8、不在办公场所私自存放易燃易爆等危险物品。

9、不在易燃易爆等危险场所动火作业，不在禁烟区抽烟。

10、自觉遵守交通法规。

如违背承诺，因本人原因引发安全事故，造成不良影响或经济损失，本人愿承担相应的责任。

承诺人：

年　月　日

注：本表一式二份，单位保存一份，个人留存一份。

黄河水利委员会安全生产责任追究办法

（黄监察〔2013〕607号　自2014年3月1日起施行）

第一条　为强化安全生产监督管理，严格落实安全生产责任制，严肃安全生产责任追究，根据《中华人民共和国安全生产法》、《生产安全事故报告和调查处理条例》等法律、法规，结合实际，制定本办法。

第二条　本办法适用于委属各单位、机关各部门。

第三条　安全生产责任追究遵循下列原则：

（一）权责清晰，标准统一；

（二）客观公正，实事求是；

（三）预防为主，防惩结合。

第四条　安全生产责任追究包括组织处理、经济赔偿和纪律处分。

第五条　对在安全生产工作中不履行或者不正确履行安全生产职责，造成伤亡事故或者严重后果的，视情节，对有关责任单位（部门）及责任人给予组织处理，承担一定的经济赔偿。

对责任单位的组织处理包括以下三种：责令作出书面检查、取消当年评先资格、通报批评。

对责任人员的组织处理包括以下六种：通报批评、诫勉、调离、停职检查、责令辞职和免职。

第六条　组织处理、经济赔偿、纪律处分可以单独使用，也可以合并使用。

第七条　有下列情况之一，视情节，对责任单位（部门）及有关责任人给予组织处理：

（一）不执行国家安全生产方针政策和安全生产法律、法规、规章以及上级机关主管部门有关安全生产决定、命令、指示的；

（二）安全生产责任制不健全或者不落实的；

（三）未按规定进行安全生产教育和培训并经考核合格，允许从业人员上岗，致使违章作业的；

（四）未按规定保障安全生产条件所必须的资金投入，导致产生重大事故隐患的；

（五）新建、改建、扩建工程项目的安全设施，不与主体工程同时设计、同时施工、同时投入生产和使用，或者未按规定审批、验收和生产的；

（六）违章指挥，强令从业人员违章冒险作业的；

（七）对存在的事故隐患，未采取有效措施的；

（八）对发生的生产安全事故瞒报、谎报或者拖延不报的；

（九）其他违法违纪行为。

第八条 有下列情况之一，视情节，对直接责任人给予组织处理：

（一）违章作业，违反劳动纪律的；

（二）玩忽职守的；

（三）发现事故隐患，不及时报告，又不采取有效防范措施的；

（四）生产安全事故发生后，不及时报告、抢救或者擅离职守的；

（五）故意破坏事故现场、出具伪证或者隐匿、转移、篡改、毁灭有关证据，阻挠事故调查处理的；

（六）事故发生后逃匿的；

（七）其他违法违纪行为。

第九条 有下列情况之一，视情节，对有关安全生产监督管理部门及其有关责任人给予组织处理：

（一）不及时传达贯彻国家安全生产工作方针政策和上级要求的；

（二）违反安全生产法律、法规、规章，违法违纪的；

（三）滥用职权、玩忽职守、徇私舞弊的；

（四）其他违法违纪行为。

第十条 发生第七条、第八条、第九条情形之一的，给予以下组织处理：

（一）情节轻微的，对责任单位（部门）给予责令作出书面检查；对直接责任人给予通报批评或者诫勉；

（二）情节较重的，对责任单位（部门）给予责令作出书面检查或者取消当年评先资格；对直接责任人给予诫勉、调离或者停职检查；对有关责任人给予通报批评或者诫勉；

（三）情节严重的，对责任单位（部门）给予取消当年评先资格或者通报批评；对直接责任人给予停职检查、责令辞职或者免职；对有关责任人给予诫勉、调离或者停职检查。

第十一条 发生生产安全事故（以下简称事故），视情节，对事故责任单位（部门）及有关责任人给予组织处理：

（一）发生四级责任事故，对事故直接责任人给予通报批评或者诫勉；

（二）发生三级责任事故，对事故责任单位（部门）给予责令作出书面检查或者取消当年评先资格；对事故直接责任人给予诫勉或者调离；对有关责任人给予通报批评或者诫勉；

（三）发生二级责任事故，对事故责任单位（部门）给予取消当年评先资格或者通报批评；对事故直接责任人给予调离或者停职检查；对有关责任人给予通报批评、诫勉或者调离；

（四）发生一级责任事故，对事故责任单位（部门）给予取消当年评先资格并通报批评；对事故直接责任人给予停职检查、责令辞职或者免职；对有关责任人给予诫勉、调离或者停职检查；

（五）发生事故瞒报、谎报或者拖延不报的，对事故发生单位（部门）给予取消评先资格或者通报批评；对事故发生单位（部门）的有关责任人，给予通报批评、诫勉或者调离；情节严重的，给予停职检查、责令辞职或者免职。

第十二条 发生责任事故，事故直接责任人及有关责任人应当承担一定的经济赔偿：

（一）四级事故：事故直接责任人及有关责任人，视情节，分别承担不低于 2000 元、1000 元的经济赔偿；

（二）三级事故：事故直接责任人及有关责任人，视情节，分别承担不低于 5000 元、3000 元的经济赔偿；

（三）二级事故：事故直接责任人及有关责任人，视情节，分别承担不低于 10000 元、4000 元的经济赔偿；

（四）一级事故：事故直接责任人及有关责任人，视情节，分别承担不低于 15000 元、5000 元的经济赔偿。

第十三条 对在一个考核年度内连续发生等级责任事故的，对事故责任单位（部门）及事故直接责任人、有关责任人可从重或者加重处理。

第十四条 在安全生产工作中存在违法违纪行为，视情节，对直接责任人、主要领导责任人、重要领导责任人，依照有关规定给予纪律处分。

第十五条 事故责任人员的区分：

（一）直接责任人，是指在其安全生产职责范围内，不履行或者不正确履行安全生产职责，对造成的损失或者后果起决定性作用的人员。

（二）主要领导责任人，是指在其安全生产职责范围内，对直接主管的工作不履行或者不正确履行安全生产职责，对造成的损失或者后果负直接领导责任的领导干部。

（三）重要领导责任人，是指在其安全生产职责范围内，对应管的工作或者参与决定的工作不履行或者不正确履行安全生产职责，对造成的损失或者后果负次要领导责任的领导干部。

第十六条 对责任单位及有关责任人的组织处理或者纪律处分，按照规定程序和管理权限，由安全生产监督管理部门商监察、人事部门共同组织实施。

事故有关责任人的经济赔偿，由事故处理单位安全生产监督管理部门会同财务部门组织实施，同级工会组织予以协助和监督。

安全生产经济赔偿款主要用于补偿因事故给单位造成的经济损失。

第十七条 处理权限：

（一）一级事故，由委安全生产监督管理部门会同有关部门进行调查，提出初步处理建议，报委安全生产委员会研究并作出初步处理意见，经委主任办公会研究决定；

（二）二级、三级、四级事故，由委属有关单位安全生产监督管理部门会同有关部门进行调查，提出初步处理建议，报同级安全生产委员会（安全生产领导小组）研究并作出初步处理意见，经委属有关单位研究决定，报委安全生产委员会备案；

（三）委机关部门发生二级、三级、四级事故由委安全生产监督管理部门会同有关部门进行调查，提出初步处理建议，报委安全生产委员会研究并作出处理决定；

（四）发生事故瞒报、谎报或者拖延不报的，由委安全生产监督管理部门会同有关部门进行调查，提出初步处理意见，报委安全生产委员会研究决定；或者委托委属有关单位进行调查，提出初步处理意见，报委安全生产委员会研究决定；

（五）对发生第七条、第八条、第九条规定情形的，由其上级单位安全生产监督管理部门会同监察、人事部门，按照规定程序和管理权限进行责任追究。

第十八条 处理决定批复后，有关单位要及时按照规定程序和管理权限，落实处理决定。

第十九条 处理决定应当以书面形式送达有关责任单位（部门）和人员。

第二十条 责任单位（部门）和责任人对处理决定不服或者有异议的，可以自收到处理决定之日起 30 日内向作出处理决定的安全生产监督管理部门或者监察部门提出申诉，安全生产监督管理部门会同监察部门应当自收到申诉之日起 30 日内作出复查决定；对复查决定仍不服的，可以自收到复查决定之日起 30 日内向上一级安全生产监督管理部门或者监察部门申请复核，上一级安全生产监督管理部门会同监察部门应当自收到复核申请之日起 60

日内作出复核决定。复核决定为终核决定。

复审、复核期间，不停止原决定的执行。

第二十一条　本办法所指的"事故等级"、"责任事故"划分以《黄河水利委员会安全生产监督管理规定》为依据。

第二十二条　本办法自 2014 年 3 月 1 日起施行。在此之前印发的有关制度、规定、办法与本办法不一致的，按照本办法执行。

黄河水利委员会一次性危险作业（活动）安全审核制度

（黄安监〔2011〕5 号　自 2011 年 4 月 21 日起施行）

为加强对黄委系统一次性危险作业（活动）的安全监督管理，防止和减少生产安全事故，保障从业人员的生命和财产安全，根据黄委实际，制订本制度。

一、委属各单位、机关各部门进行一次性危险作业（活动）必须严格执行一次性危险作业（活动）安全生产审核制度，履行安全审核申报手续。

二、一次性危险作业（活动）包括：

（一）河势查勘、根石探测、防汛防凌等水上、冰上作业；

（二）临时动用船舶作业；

（三）高处作业（指在距坠落基准面 5m 以上、有可能坠落的高处进行的作业）；

（四）在易燃、易爆等危险场所进行动火作业；

（五）爆破或有爆炸危险的作业；

（六）有中毒、窒息危险的作业；

（七）易燃、易爆等危险物品搬运作业；

（八）一次性电气焊（割）作业；

（九）150 人以上的大型文化娱乐活动；

（十）单位（部门）组织的 30 人以上集体到系统外公务活动（包括开会、考察、参观学习等）；

（十一）其他可能发生危险的作业（活动）。

三、进行一次性危险作业（活动）的单位（部门）必须向同级安全生产监督管理部门申报安全审核；委机关部门进行一次性危险作业（活动）

必须向委安全监督局申报安全审核。

一次性危险作业（活动）的安全审核由同级安全生产监督管理部门负责；委机关部门进行一次性危险作业（活动）的安全审核由委安全监督局负责。

四、进行一次性危险作业（活动）单位（部门）必须填写《黄河水利委员会一次性危险作业（活动）审核表》，审核表一式两份（见附表）。

五、进行一次性危险作业（活动）的单位（部门），事前应对危险因素进行分析，编制安全作业（活动）计划和事故应急预案，落实安全防范措施，指定安全负责人，明确现场安全专职人员。

六、进行一次性危险作业（活动）单位（部门）在办理审核手续时，应提供安全作业（活动）计划、事故应急预案以及依法应当取得的资质证书、岗位证书等资料。

七、各级安全生产监督管理部门在接到一次性危险作业（活动）安全审核的申报后，要及时对照有关法律、法规和规章进行审查、核实。重点审查：是否编制有安全作业（活动）计划和事故应急预案，安全防范措施是否完备，特种作业人员、特种设备证照、手续是否齐全等。必要时可到现场进行检查。

八、各单位（部门）组织进行的一次性危险作业（活动）接受后，应担在结束后5日内书面通知安全生产监督管理部门，核销本次一次性危险作业（活动）。

九、凡进行一次性危险作业（活动）的单位（部门）不执行一次性危险作业（活动）安全审核制度，未履行安全审核申报手续，一经发现，将给予通报批评；如因此发生安全事故的，视情节和后果，依法依规从重对责任单位（部门）和有关责任人进行责任追究。

十、本制度自发布日起施行。

附表

黄河水利委员会一次性危险作业（活动）审核表

申请单位（部门）			
作业（活动）地点		作业人数	
作业（活动）现场负责人		联系电话	
作业（活动）安全负责人		联系电话	
作业（活动）现场安全专职人员		联系电话	
作业（活动）事项：			
防护措施：			
作业（活动）起止时间：			
作业（活动）单位（部门）主管领导意见： （签章）　　　年　月　日			
审核部门意见： （签章）　　　年　月　日			
核销人及核销时间： 年　月　日			

黄河水利委员会安全生产检查办法（试行）

（黄安监〔2013〕586号　自2014年1月1日起施行）

第一章　总　则

第一条　为加强安全生产精细化管理，进一步发挥安全生产检查在安全生产监督管理中的作用，确保安全生产检查取得实效，根据《中华人民共和国安全生产法》等法律法规，制定本办法。

第二条　本办法适用于黄委各级各单位（部门）开展的安全生产检查活动。

第三条　本办法所称的安全生产检查，是指为了防止和减少生产安全事故，在安全生产监督管理过程中开展的检查。

第四条　安全生产检查坚持分级、分部门负责的原则，坚持"全覆盖、零容忍、严追究、重实效"的总要求。

第二章　组织实施

第五条　安全生产监督管理部门负责安全生产综合检查的组织实施；其他部门负责职责范围内安全生产专项检查的组织实施。

第六条　安全生产检查应当按照定期检查与不定期检查相结合、综合检查与专项检查相结合、常规检查与突击检查相结合的方式开展。

第七条　各单位应当结合本单位安全生产工作特点，开展安全生产检查活动。

黄委开展的安全生产检查每年不少于2次，委属单位开展的安全生产检查每季度不少于1次，基层单位开展的安全生产检查次数由其上级主管单位确定。

重要活动期间和元旦、春节、中秋、国庆等节假日前应当开展安全生产检查。

第八条 检查组织单位在开展安全生产检查前，应当制定检查方案，成立检查组。

检查方案应当明确检查目的、检查对象、检查内容和检查组人员职责分工等要求。

检查组应当由单位分管领导或者分管领导授权的人员带队。

第九条 安全生产常规检查一般采取"听取汇报、现场检查、查阅资料、反馈意见"等方法进行。

（一）听取汇报。听取被检查单位安全生产工作情况的介绍，向有关人员询问、了解安全生产情况；

（二）现场检查。深入办公、生活、作业现场重点场所、关键部位进行实地检查；

（三）查阅资料。查阅安全生产责任状、安全生产承诺书、安全生产管理制度、事故隐患排查治理资料、安全生产检查记录等；

（四）反馈意见。对被检查单位安全生产工作情况给予点评，并就检查发现的问题和隐患，提出整改要求。

第十条 安全生产突击检查采取"不发通知、不打招呼、不听汇报、不用陪同和接待"的方式，直奔基层、直插现场，详查细究、暗查暗访。

第十一条 现场检查结束后，检查人员应当将检查情况进行汇总，填写《黄委安全生产检查记录表》（见附表1），并由检查人员和被检查单位有关人员签字。

第十二条 检查人员应当对发现的安全生产非法、违法行为或者事故隐患通过现场拍照、摄像等方式留存影像资料。

第三章　检查内容

第十三条 委属单位安全生产检查内容，详见《委属单位安全生产检查内容表》（附表2）。

第十四条　黄河水利工程运行与管理安全生产检查内容，详见《黄河水利工程运行与管理安全生产检查内容表》（附表3）。

第十五条　黄河水利工程建设项目安全生产检查内容，详见《黄河水利工程建设项目安全生产检查内容表》（附表4）。

第十六条　水上作业安全生产检查内容，详见《水上作业安全生产检查内容表》（附表5）。

第十七条　仓库安全生产检查内容，详见《仓库安全生产检查内容表》（附表6）。

第十八条　车辆交通安全生产检查内容，详见《车辆交通安全生产检查内容表》（附表7）。

第十九条　消防安全生产检查内容，详见《消防安全生产检查内容表》（附表8）。

第四章　隐患治理

第二十条　对检查发现的安全生产非法违法行为、物的危险状态、人的不安全行为和管理上的缺陷，检查组应当当场予以纠正或者要求限期治理。

被检查单位应当在治理时限到期后5日内，向检查组织单位书面报告治理情况。

第二十一条　对检查中发现的较大、重大事故隐患，按照《黄河水利委员会安全生产事故隐患台帐管理及挂牌督办暂行办法》实行挂牌督办，及时下达《黄委安全生产事故隐患督办通知书》，督促隐患治理责任单位限期治理。

隐患治理必须采取必要的防范措施，隐患治理前或治理过程中无法保证安全的，应当责令从危险区域撤出作业人员，并责令停产停业、停止施工或者停止使用。

第二十二条　隐患治理责任单位在接到督办通知书后，应当制定隐患治理方案，做到治理措施、资金、时限、责任人和应急预案"五到位"。

第二十三条　督办单位应当跟踪检查有关防范、监控措施落实情况，及时掌握隐患治理进度，督促隐患的治理。

第二十四条　隐患治理责任单位应当认真落实督办单位提出的治理要求，严格按照治理方案对隐患进行治理，彻底消除隐患。

第二十五条　挂牌督办的隐患治理完毕后，隐患治理责任单位应当在15日内组织有关人员对隐患治理情况进行审查，审查合格后，及时向督办单位报送隐患治理情况报告。

督办单位收到报告后，对挂牌隐患予以摘牌销号。必要时，可以组织相关单位或专家进行抽查或者复查。

第二十六条　由黄委检查发现的较大事故隐患，在挂牌督办事故隐患销号后5日内，督办单位应当向黄委书面报告隐患治理情况，包括治理措施、治理效果等。

第五章　检查要求

第二十七条　检查人员开展检查时，有权进入被检查单位的作业现场，调阅相关资料，向有关单位和人员了解情况。

第二十八条　安全生产检查不得影响被检查单位的正常生产经营活动，对涉及被检查单位的技术秘密和商业秘密，应当为其保密。

第二十九条　被检查单位对安全生产检查应当积极配合，按要求提供相关安全生产资料，并对其真实性负责。

第三十条　检查人员应当加强业务学习，熟悉相关法律、法规、规章和安全技术标准。

第三十一条　检查人员应当忠于职守，认真履行职责，深入生产一线和作业现场，实地检查。

第三十二条　检查人员应当坚持原则、秉公办事，对检查中发现的问题和隐患，应当明确指出，并提出治理要求。

第三十三条　检查人员应当严格遵守中央八项规定，轻车简从、廉洁自律。

第三十四条　检查组应当在安全生产检查结束后，及时撰写检查总结。检查总结应当包括检查的主要内容、被检查单位的经验做法、存在的问题和意见、建议等。

第三十五条　检查组织单位应当妥善保存影像、检查记录、检查报告和整改情况等有关资料。

第六章　附　则

第三十六条　对安全生产管理混乱、问题突出以及对被检查出的问题和隐患未按照要求整改的，视情节，对有关责任单位及其责任人予以通报或者约谈。

第三十七条　因隐患治理不力，导致发生生产安全事故或造成严重后果的，依照《黄河水利委员会安全生产责任追究办法》，对有关责任单位和人员进行处理。

第三十八条　在安全生产检查工作中，因工作不深入，未能及时发现问题产生严重后果和重大影响的，将严肃追究责任。

第三十九条　对检查人员滥用职权、玩忽职守、徇私舞弊的，依照《黄河水利委员会安全生产责任追究办法》，对有关责任人进行处理。

第四十条　各单位可以根据工作实际，制定具体实施细则。

第四十一条　本办法 2014 年 1 月 1 日起施行。

附表 1

黄委安全生产检查记录表

检查时间：

被检查单位	
检查组成员	

检查组负责人		记录人	

检查内容	
存在问题	
整改要求	
督办、落实情况	

备注：本表一式 2 份。

检查组签字：　　　　　　　　被检查单位签字：

附表 2

委属单位安全生产检查内容表

序号	检查项目	检查内容及要求
1	贯彻上级部署	1. 贯彻落实上级规章制度、文件及会议精神
		2. 按要求报送相关资料
2	安全生产目标	1. 制定年度安全生产工作目标和计划
		2. 签订有针对性的安全生产目标管理责任状
3	安全监管机构和人员	1. 成立安全生产领导小组或安委会
		2. 按规定设置或明确安监管理机构
		3. 按规定配备专(兼)职安监管理人员
4	安全生产责任制	1. 建立安全生产责任制度
		2. 有关部门、人员安监职责明确
		3. 签订有针对性的安全生产承诺书
5	安全生产规章制度	1. 制度健全、明确,有针对性和可操作性。至少包括:会议、教育培训、隐患排查治理、安全生产投入、应急管理、事故管理等内容。
		2. 制度落实,执行有效
6	安全生产会议	1. 定期召开安全生产会议
		2. 会议记录完整
		3. 会议要求落实
7	安全生产教育培训	1. 制定安全生产教育培训计划并有效实施
		2. 培训资料齐全完整
		3. 组织开展"安全生产月"等活动
8	隐患排查治理	1. 开展安全生产检查或隐患排查
		2. 安全生产检查资料齐全完整
		3. 隐患排查、登记、治理、复查、验收等形成管理闭合,资料齐全完整
		4. 建立隐患台帐
		5. 实行挂牌督办

序号	检查项目	检查内容及要求
9	应急预案	1.建立生产安全事故应急预案,有可操作性,并报上级主管单位备案
		2.定期演练,有记录
10	安全投入	1.保障安全生产所需经费的投入
11	事故管理	1.按规定报送生产安全事故快报、月报、年报
		2.按照管理权限和"四不放过"原则,进行事故调查处理和责任追究
12	安全资料管理	1.安全资料管理规范、齐全完整

附表 3

黄河水利工程运行与管理安全生产检查内容表

序号	检查项目	检查内容及要求
1	安全管理机构和人员	1. 成立安全生产领导小组
		2. 明确安全管理机构
		3. 明确安全管理人员
2	安全生产责任制	1. 建立安全生产责任制度
		2. 有关部门、人员安全职责明确
		3. 签订有针对性的安全生产责任状
		4. 签订有针对性的安全生产承诺书
3	安全生产规章制度	1. 制度健全、明确,有针对性和可操作性。至少包括:会议、教育培训、隐患排查治理、应急管理、事故管理等内容
		2. 制度落实,执行有效
4	安全生产会议	1. 定期召开安全生产会议
		2. 会议记录完整
		3. 会议要求落实
5	安全生产教育培训	1. 开展安全生产教育培训
		2. 培训资料齐全完整
		3. 组织开展"安全生产月"等活动
6	隐患排查治理	1. 开展隐患排查
		2. 隐患排查、登记、治理、复查、验收等形成管理闭合,资料齐全完整
		3. 建立隐患台帐
7	应急预案	1. 建立生产安全事故应急预案,有可操作性
		2. 定期演练,有记录
8	安全投入	1. 保障安全生产所需经费的投入
9	安全操作规程	1. 操作规程齐全,有针对性和可操作性
		2. 操作规程上墙,执行有效

序号	检查项目	检查内容及要求
10	特种作业人员、特种设备作业人员管理	1. 持证上岗
		2. 资格证有效
11	运行与管理	1. 按规定对工程安全观测,有记录
		2. 工程设施设备定期维护保养,资料齐全
		3. 特种设备按规定进行检验,有记录
		4. 作业场所规范整洁,操作运行规范,安全标志齐全醒目
		5. 按规定定期对作业场所职业危害进行检测,有记录
		6. 安全防护设施和装置齐全、有效
		7. 按规定配备劳动防护用品并正确使用
12	消防安全	1. 重点防火部位明确,防火标志齐全、醒目
		2. 开展消防检查,有记录
		3. 按规定配备消防器材,摆放合理
		4. 消防通道畅通
13	用电安全	1. 配电线路布设符合要求,电线无老化、破皮
		2. 电工作业应佩戴绝缘防护用品,持证上岗
		3. 配电箱、开关箱应用防尘、防雨措施,设有警示标志
14	事故报告	1. 按规定上报生产安全事故
15	安全资料管理	1. 安全资料管理规范、齐全完整

附表4

黄河水利工程建设项目安全生产检查内容表

序号	检查项目	检查内容及要求
1	开工安全审核	1.按要求办理开工安全审核手续
2	资格管理	1.施工单位安全生产许可证有效
		2.施工单位"三类人员"安全生产考核合格,持证上岗
3	安全管理机构和人员	1.成立安全生产领导小组或安委会
		2.按规定设置安全管理机构
		3.按规定配备专兼职安全管理人员,人员在岗
4	安全生产责任制	1.建立安全生产责任制度
		2.各参建单位安全职责明确
		3.签订有针对性的安全生产责任状
5	安全生产规章制度	1.制度健全、明确,有针对性和可操作性。至少包括:会议、教育培训、隐患排查与治理、安全生产投入、应急管理、事故管理等内容
		2.制度落实,执行有效
6	安全生产例会	1.按期召开安全生产例会
		2.会议记录完整
		3.会议要求落实
7	安全生产教育培训	1.按要求对有关人员进行安全生产教育培训
		2.培训资料齐全完整
		3.组织开展"安全生产月"等活动
8	隐患排查治理	1.开展安全生产检查或隐患排查
		2.严格安全生产日巡查制度
		3.安全生产检查、巡查资料齐全完整
		4.隐患排查、登记、治理、复查、验收等形成闭合管理,资料齐全完整
		5.建立隐患台帐

序号	检查项目	检查内容及要求
9	应急预案	1. 建立生产安全事故应急预案,有可操作性
		2. 生产安全事故应急预案和专项施工方案、度汛方案衔接合理
		3. 定期演练,有记录
		4. 配备应急救援设备和物资
10	安全施工措施费用	1. 编制安全施工措施费用使用计划
		2. 建立安全施工措施费用使用台帐
		3. 使用计划落实,执行有效,手续齐全
		4. 办理工伤保险和意外伤害保险
11	安全操作规程	1. 操作规程齐全,有针对性和可操作性
		2. 操作规程上墙,执行有效
12	特种作业人员、特种设备作业人员管理	1. 持证上岗
		2. 资格证有效
13	短期用工管理	1. 建立短期用工制度,签订安全协议
		2. 短期用工管理,岗前教育
14	技术交底	1. 技术人员向施工作业人员进行技术性交待
		2. 技术交底资料齐全完整
15	现场管理	1. 施工现场总体布局与分区合理。生活区与物料堆放区、施工区保持必要安全距离
		2. 施工现场警示标志规范、齐全、醒目
		3. 有较大危险因素的生产场所和设施、设备,设置明显的安全警示标志
		4. 物料堆放整齐、布局合理
		5. 易燃易爆物品按要求分类存放
		6. 人、车分流,道路畅通
		7. 进入施工现场按规定正确佩戴安全帽等防护用具
		8. 施工照明符合要求

序号	检查项目	检查内容及要求
16	作业安全	1. 按规定配备劳动防护用品并正确使用
		2. 危险性较大的工程制定专项施工方案
		3. 高边坡、基坑、洞口、临边、吊装、爆破等安全防护可靠
		4. 施工起重机械和整体提升脚手架、模板等自升式架设设施组织验收;传动、制动、信号、保险、漏电保护等装置灵敏可靠;基础、吊索具牢固规范
		5. 从事高空作业张挂安全网、设置避雷设施,正确佩戴安全带、安全帽
		6. 爆破、吊装等危险作业有专门人员进行现场安全管理
		7. 危险化学品作业穿戴防护防毒用品及器具
		8. 防护棚搭设与拆除时,应设警戒区,并应派专人监护。严禁上下同时拆除
		9. 有易燃、易爆气体和粉尘的作业场所,应当使用防爆型电气设备或者采取有效的防爆技术措施
17	设施设备安全	1. 特种设备合格证或安全检验合格标志、验收手续齐全
		2. 设施设备定期维护、保养和检验,资料齐全,有记录
		3. 安全防护设施设备和装置齐全、有效
		4. 设施设备检查、运行记录齐全
18	消防安全	1. 重点防火部位明确,防火标志齐全、醒目
		2. 开展消防检查,有记录
		3. 按规定配备消防器材,摆放合理
		4. 消防通道畅通
19	用电安全	1. 施工现场应做好供用电安全管理,并有临时用电方案
		2. 配电线路布设符合要求,电线无老化、破皮
		3. 用电设备专用箱做到"一机、一闸、一漏、一箱";严禁一闸多机
		4. 配电箱开关箱符合三级配电两级保护
		5. 配电箱、开关箱应有防尘、防雨措施,设有警示标志
		6. 潮湿作业场所用电符合安全电压要求
		7. 电工作业应配戴绝缘防护用品,持证上岗

序号	检查项目	检查内容及要求
20	车辆安全	1. 各种施工车辆牌照齐全,驾驶员持证上岗
		2. 现场设置限速等警示标志;不得超速、超载或人货混载
		3. 施工现场应安排车辆疏导员,疏导员应配有醒目的辨识标志物
		4. 做好车辆维护保养
21	脚手架	1. 架管、扣件、安全网等合格证及检测资料齐全
		2. 制定脚手架、卸料平台施工方案
		3. 验收记录完整(含脚手架、卸料平台、安全网、防护棚、马道、模板等)
22	施工支护	1. 深度超过2m的基坑施工有临边防护措施
		2. 垂直作业上下应有隔离防护措施
23	爆破作业	1. 爆破作业和爆破器材的采购、运输、贮存、加工和销毁符合规定
		2. 器材领发、清退及审批手续完备
		3. 爆破器材储存专用仓库内,进出库记录齐全
24	吊装作业	1. 制定安装拆卸方案;安装完毕有验收资料或责任人签字
		2. 塔吊应有力矩限制器、限位器、保险装置及附墙装置与夹轨钳
		3. 设备运行维护保养记录完整
25	事故报告	1. 按规定上报生产安全事故
26	安全资料管理	1. 安全资料管理规范、齐全完整

附表 5

水上作业安全生产检查内容表

序号	检查项目	检查内容及要求
1	安全管理人员	1. 明确安全管理人员
2	安全生产责任制	1. 建立安全生产责任制度
		2. 签订有针对性的安全生产责任状
		3. 签订有针对性的安全生产承诺书
3	安全生产规章制度	1. 制度健全、明确, 有针对性和可操作性
		2. 制度落实, 执行有效
4	安全生产教育培训	1. 对有关人员进行安全生产教育培训
		2. 培训资料齐全完整
		3. 组织开展"安全生产月"等活动
5	隐患排查治理	1. 开展隐患排查
		2. 隐患排查、登记、治理、复查、验收等形成管理闭合, 资料齐全完整
		3. 建立隐患台帐
6	应急预案	1. 建立生产安全事故应急预案, 有可操作性
		2. 定期演练, 有记录
		3. 配备应急救援设备和物资
7	安全投入	1. 保障安全生产所需经费的投入
8	特种作业人员、特种设备作业人员管理	1. 持证上岗
		2. 资格证有效
9	安全操作规程	1. 操作规程齐全, 有针对性和可操作性
		2. 操作规程上墙, 执行有效

序号	检查项目	检查内容及要求
10	作业安全	1.不得单人从事涉水、冰上作业和人工水位观测工作
		2.水上作业时正确穿戴救生衣等安全防护用具
		3.冰上作业时配备救生绳、冰梯、长杆等防护器材
		4.浮桥桥面维修人员、观察员、指挥员穿反光服、戴反光帽
		5.吊箱(铅鱼)测验时,悬挂醒目安全警示标志,夜间作业配有灯光信号
11	设施设备安全	1.安全防护设施设备齐全、有效
		2.特种设备合格证或安全检验合格标志、验收手续齐全
		3.检查、运行记录齐全
		4.定期进行维修、保养和检验,资料齐全,有记录
		5.设施设备安全警示标示齐全
12	水文吊箱(铅鱼)缆道	1.专人操作
		2.电力、机械动力、升降、制动安全性能良好
		3.防雷击、高处坠落、淹溺等安全设施齐全
13	机动船舶	1.船舶登记证、检验证及船员操作证等证照齐全
		2.船体无变形渗漏
		3.救生衣(圈)、消防水泵(枪、桶)、灭火器等安全防护设施齐全
14	吊船	1.船体无变形渗漏,吊船缆索连接牢固无损伤,吊缆支架稳固等安全性能良好
		2.消防、救生、绝缘、堵漏、断缆器材、护栏等安全防护设施齐全
15	冲锋舟	1.船体完好,操舟机安装牢固安全性能良好
		2.救生设备和橹桨锚缆安全防护设施齐全
16	浮桥	1.单体承压舟舟体安全性能良好,连接销、系缆索、系缆桩等连接装置符合要求
		2.救生设备、消防设备、照明设备及安全护栏等防护设施齐全
		3.限载、限速、严禁超车等警示标志齐全、醒目
17	事故报告	1.按规定及时报告生产安全事故
18	安全资料管理	1.安全资料管理规范、齐全完整

附表6

仓库安全生产检查内容表

序号	检查项目	检查内容及要求
1	安全管理部门和人员	1. 明确安全管理部门
		2. 明确专(兼)职安全管理人员
2	安全生产责任制	1. 建立安全生产责任制度
		2. 有关部门、人员安全职责明确
		3. 签订有针对性的安全生产责任状
		4. 签订有针对性的安全生产承诺书
3	安全生产规章制度	1. 制度健全、明确,有针对性和可操作性
		2. 制度落实,执行有效
4	安全生产会议	1. 定期召开安全生产会议
		2. 会议记录完整
		3. 会议要求落实
5	安全生产教育培训	1. 开展安全生产教育培训
		2. 培训资料齐全完整
		3. 组织开展"安全生产月"等活动
6	隐患排查治理	1. 按规定开展日常巡查,有记录
		2. 开展隐患排查
		3. 隐患排查、登记、治理、复查、验收等形成闭合管理,资料齐全完整
		4. 建立隐患台帐
7	应急预案	1. 建立生产安全事故应急预案,有可操作性
		2. 定期演练,有记录
8	安全生产操作规程	1. 操作规程齐全,有针对性和可操作性
		2. 操作规程上墙,执行有效
9	劳动防护用品	1. 按规定配备劳动防护用品,并正确使用

序号	检查项目	检查内容及要求
10	库区管理	1. 仓库区与生产区、生活区有适当的间隔
		2. 库房应用一层建筑,每间库房应有独立安全出口
		3. 仓库区内,库房与库房之间应保持一定的防火间距
		4. 安全警示标志齐全,规范醒目,布设合理
		5. 安全疏散通道畅通、疏散指示标志醒目、配有应急照明设施
		6. 环境清洁、卫生,地面平坦,无湿滑
11	物品管理	1. 物品分类、分堆存放,堆放整齐、平稳
		2. 堆垛不得过高、过密,堆垛之间,要留出一定的间距、通道和通风口
		3. 通风设施良好且有防止阳光直射措施
		4. 人行通道保持畅通
12	消防安全	1. 按规定配备消防器材,摆放合理
		2. 消防设施完好、有效,并定期检查、保养,有记录
		3. 仓库管理人员能正确操作消防器材
		4. 消防通道通畅
		5. 仓库内严禁烟火
13	用电安全	1. 用电符合规程要求,采用隔离、封闭、防爆或其它相应的安全照明设备
		2. 用电设备状况良好,线路无老化、破损
		3. 定期对用电设备进行检查、维护和保养,有记录
14	叉车、吊车管理	1. 合格证或安全检验合格标志、验收手续齐全
		2. 专人持证操作
		3. 定期进行维修、保养和检验,资料齐全,有记录
		4. 装有背架和护栏等防护设施
15	库区车辆管理	1. 严格进出车辆登记管理
		2. 库区内设置车辆行驶限速标志

序号	检查项目	检查内容及要求
16	外包租消防管理	1.签订《消防安全管理协议书》,明确消防安全管理责任
		2.对外包租单位进行消防安全管理
17	事故报告	1.严格按照规定上报消防安全事故
18	安全资料管理	1.安全资料管理规范、齐全完整

附表 7

车辆交通安全生产检查内容表

序号	检查项目	检查内容及要求
1	安全管理部门和人员	1. 明确车辆安全管理部门
		2. 明确车辆安全管理人员
2	安全生产责任制	1. 建立车辆管理制度
		2. 车辆管理部门和人员安全职责明确
		3. 签订有针对性的安全生产责任状
		4. 签订有针对性的安全生产承诺书
3	安全生产规章制度	1. 制度健全、明确,有针对性和可操作性
		2. 制度落实,执行有效
4	安全生产教育培训	1. 开展安全生产教育培训
		2. 培训资料齐全完整,有记录
		3. 组织开展"安全生产月"、"12·2 全国交通安全日"等活动
5	车辆管理	1. 建立车辆管理台帐
		2. 车辆正常年检
		3. 车辆日常维护、保养和大修,有记录
		4. 配备安全防护设施和防护装备
6	派车管理	1. 严格派车管理
		2. 派车由专人管理
		3. 严格恶劣天气派车管理
7	驾驶人员管理	1. 持证上岗,证件有效
		2. 55 周岁以上不再出长途车
		3. 参加学习情况,有记录
8	外聘驾驶人员管理	1. 建立外聘驾驶人员管理制度
		2. 签订用工协议,明确安全权利、义务
9	事故报告	1. 严格按照规定上报车辆交通事故
10	安全资料管理	1. 安全资料管理规范、齐全完整

附表 8

消防安全生产检查内容表

序号	检查项目	检查内容及要求
1	安全管理部门和人员	1. 明确消防安全管理部门
		2. 明确消防安全管理人员
2	安全生产责任制	1. 建立消防安全管理制度
		2. 有关部门、人员消防安全职责明确
		3. 签订有针对性的安全生产责任状
		4. 签订有针对性的安全生产承诺书
3	安全生产规章制度	1. 制度健全、明确,有针对性和可操作性
		2. 制度落实,执行有效
4	安全生产教育培训	1. 开展安全生产教育培训
		2. 全员普及消防安全知识
		3. 培训资料齐全完整
		4. 组织开展"安全生产月"、"11.9消防宣传日"等活动
5	隐患排查治理	1. 按规定开展日常巡查,有记录
		2. 开展隐患排查
		3. 隐患排查、登记、治理、复查、验收等形成闭合管理,资料齐全完整,有记录
		4. 建立隐患台帐
6	应急预案	1. 建立生产安全事故应急预案,有可操作性
		2. 定期演练,有记录
7	安全操作规程	1. 操作规程齐全,有针对性和可操作性
		2. 操作规程上墙,执行有效
8	消火栓	1. 室外消火栓完整好用,无遮挡和挤占埋压现象
		2. 室内消火栓箱醒目无遮挡,水带、水枪齐全好用
		3. 消防水源有水,压力充足

序号	检查项目	检查内容及要求
9	灭火器	1.配置种类全、数量足,摆放合理,周围无杂物
		2.气(粉)量充足、有效
		3.保险销、喷管、压把、压力表等齐全有效
10	自动消防系统	1.自动报警及联动系统、自动灭火系统、排烟系统、消防给水系统、防火门防火卷帘等正常有效
11	消防控制室	1.专人值班,值班记录和设备运行记录齐全
		2.值班人员经过培训
12	外包租消防管理	1.签订《消防安全管理协议书》,明确消防安全管理责任
		2.对外包租单位进行消防安全管理
13	疏散管理	1.消防楼梯、疏散通道、安全出口有疏散标志和应急照明措施
		2.消防通道畅通
		3.消防车道无堵塞情况
14	事故报告	1.按规定上报消防安全事故
15	管理资料	1.安全资料管理规范、齐全完整

黄河水利委员会安全生产事故隐患台帐管理及挂牌督办暂行办法

（黄安监〔2012〕2 号　自 2012 年 1 月 6 日起施行）

第一章　总　则

第一条　为加强安全生产事故隐患（以下简称"事故隐患"）排查治理，坚持预防为主，防止和减少生产安全事故，保障职工生命和财产安全，根据《中华人民共和国安全生产法》和《安全生产事故隐患排查治理暂行规定》等法律、法规和有关规定，结合黄委实际，制定本办法。

第二条　本办法适用于委属各单位。

第三条　本办法所指安全生产事故隐患是指各单位违反安全生产法律、法规、规章、标准、规程的规定，或者因其他因素在工作中存在可能导致事故发生的物的危险状态、人的不安全行为和管理上的缺陷。

第四条　结合黄委实际，事故隐患分为一般事故隐患、较大事故隐患和重大事故隐患。

一般事故隐患，是指危害和治理难度较小，发现后能够立即治理排除的隐患。

较大事故隐患，是指有一定的危害性，治理难度一般，发现后应该限期治理的事故隐患。

重大事故隐患，是指危害和治理难度较大，依照法律、法规规定应当全部或者局部停产停业，并经过一定时间治理方能排除的隐患，或者因外部因素影响致使单位自身难以排除的隐患。

第五条　一般事故隐患、较大事故隐患和重大事故隐患一经发现，应当立即采取措施及时消除；因客观因素影响，暂时无法消除的，应当尽最大努力尽快消除。

第六条　各单位是事故隐患排查、治理和防控的责任主体，负责建立健全隐患排查、监测监控、隐患治理、登记建档等制度措施，保证隐患治理所必需的资金投入，并对由于隐患治理投入不足导致的后果承担责任。

各单位主要负责人和分管安全生产工作的负责人对本单位事故隐患排查治理工作负责。

第七条　各单位必须建立事故隐患排查治理制度，定期组织排查本单位的事故隐患。

第二章　台帐管理

第八条　实行事故隐患台帐管理。各单位应当按照事故隐患等级建立事故隐患管理台帐（见附表1），实施动态管理。

第九条　事故隐患管理台帐的内容：

（一）隐患类别；

（二）所在单位及所在地；

（三）隐患基本情况；

（四）检查发现时间；

（五）隐患等级；

（六）事故隐患治理方案：治理的目标和计划、治理的措施和要求、责任单位和责任人、治理的时限、安全防范和应急措施；

（七）挂牌督办时间；

（八）督办销号时间。

第十条　事故隐患管理台帐作为各单位安全生产日常管理的一项重要内容，纳入各单位安全生产目标管理。

第十一条　建立事故隐患信息报告制度。各单位应当每季、每年对本单位事故隐患排查治理情况进行统计分析，并于每季度结束后、每年度结束后5日内，逐级填报《黄委安全生产事故隐患统计汇总表》（见附表2），其中排查出来的较大、重大事故隐患要及时逐级填报《黄委较大、重大安全生产事故隐患登记表》（见附表3）。

第十二条　较大、重大事故隐患重点报告的内容：

（一）隐患的现状及其产生原因；

（二）隐患的危害程度和治理难易程度分析；

（三）隐患的治理方案；

（四）隐患的治理进度。

第三章　挂牌督办

第十三条　较大、重大事故隐患实行分级挂牌督办。

较大事故隐患，由委属有关单位负责挂牌督办；

重大事故隐患，由黄委负责挂牌督办。

第十四条　督办单位的安全监督管理部门根据隐患单位对较大、重大事故隐患治理情况，适时下达《黄委安全生产事故隐患治理通知书》（见附表4），督促隐患单位限期治理，跟踪检查有关防范、监控措施落实情况，及时掌握事故隐患治理进度，依法督促隐患单位彻底消除隐患。

第十五条　督办单位的安全监督管理部门和有关部门应当对挂牌督办的事故隐患在网上予以公示。

第十六条　事故隐患治理必须采取必要的防范措施，隐患治理前或治理过程中无法保证安全的，应当责令从危险区域撤出作业人员，并责令停产停业、停止施工或者停止使用。

第十七条　实行事故隐患挂牌督办销号制度。到达治理期限，完成隐患治理的，隐患单位应及时向督办单位报送事故隐患治理情况报告，督办单位收到报告后，应及时组织人员进行审查。

审查合格的，督办单位应当对该项事故隐患销号，结束挂牌督办；

审查不合格的，督促隐患单位采取相应工作措施，加大治理力度，尽快完成治理任务。

第十八条　事故隐患治理涉及其他单位的，由隐患单位负责协商有关单位，制定治理方案，消除事故隐患，并承担隐患治理责任。

第十九条 上一级单位按照职责分工应当对下一级单位执行事故隐患挂牌督办制度情况进行督促检查，并将事故隐患挂牌督办纳入年度安全生产工作目标考核。

第二十条 督办单位应当建立挂牌督办事故隐患治理档案。

第四章 责任追究

第二十一条 建立事故隐患举报制度，鼓励广大职工积极举报事故隐患，并可酌情给予适当物质奖励。

第二十二条 严格事故隐患挂牌督办问责制，对排查不彻底、登记不完善、报告不及时、责任不落实、治理不到位、拒不执行治理指令的单位和相关人员，给予通报批评；因隐患治理不力，导致发生生产安全事故或造成严重后果的，依照《安全生产事故隐患排查治理暂行规定》（国家安监总局令第 16 号）、《黄河水利委员会安全生产责任追究办法》（黄监〔2011〕3 号）严肃追究有关单位和人员的责任。

第五章 附 则

第二十三条 建立网上事故隐患管理台帐，实行网上挂牌督办。

第二十四条 本办法自印发之日起施行。

费委安全生产事故隐患管理台帐

单位名称：_____

附表 1

黄委安全生产事故隐患管理台账

序号	隐患类别	所在单位	所在地	隐患基本情况	检查发现时间	隐患等级	事故隐患治理方案					挂牌督办时间	隐患治理结果	督办销号时间	备注
							治理的目标和计划	治理的措施和要求	责任单位和责任人	治理的时限	安全防范和应急措施				

填表说明：

1. 隐患类别包括水利工程建设、水利工程运行、农村水电站及配套电网建设、农村水电站及配套电网运行、河道采砂、水文测验、水利工程勘测设计、水利科学研究实验与检验、水利旅游、后勤服务、综合经营及其他；

2. 事故等级分为一般、较大、重大三个层次。

附表 2

填报单位：（盖章）

黄委安全生产事故隐患统计汇总表
（201　年　月—　月）

隐患类别	排查治理隐患单位数量（个）	一般事故隐患			排查治理较大、重大隐患			较大、重大事故隐患　其中：列入治理计划	列入治理计划的较大、重大事故隐患　其中：			
		排查一般事故隐患	其中：已整改	整改率	排查较大、重大隐患	其中：已整改销号	整改率	列入治理计划的较大、重大隐患	落实治理目标任务	落实治理机构人员	落实治理时间要求	落实安全措施应急预案
	（个）	（项）	（项）	（%）	（项）	（项）	（%）	（项）	（项）	（项）	（项）	（项）
1. 水利工程建设												
2. 水利工程运行												
3. 农村水电站及配套电网建设												
4. 农村水电站及配套电网运行												
5. 河道采砂												
6. 水文测验												
7. 水利工程勘测设计												
8. 水利科学研究实验与检验												
9. 水利旅游												
10. 后勤服务												
11. 综合经营												
12. 其他												

填表人：　　　　审核人：　　　　联系电话：　　　　填表日期：　　年　月　日

黄委较大、重大安全生产事故隐患登记表

填报单位（盖章）：　　　　　　隐患编号：

隐患所在单位		隐患所在单位负责人	
隐患名称		隐患所在地	
隐患等级		隐患类型	
隐患概况			
隐患初步治理方案	治理的目标和计划		
	治理的措施和要求		
	责任单位和责任人		
	治理的时限		
	安全防范和应急措施		

单位负责人：　　　　填报人：　　　　联系电话：　　　　填报日期：

填表说明：

1. 隐患类别包括水利工程建设、水利工程运行、农村水电站及配套电网建设、农村水电站及配套电网运行、河道采砂、水文测验、水利工程勘测设计、水利科学研究实验与检验、水利旅游、后勤服务、综合经营及其他；

2. 事故等级分为一般、较大、重大三个层次。

附表4

黄委安全生产事故隐患督办通知书

×× 字〔20××〕×号

_____:

根据《黄河水利委员会安全生产事故隐患台帐管理及挂牌督办暂行办法》（黄安监〔2012〕号）的有关规定，经研究，决定对你单位

_____

_____

_____

_____

_____

治理工作实施挂牌督办，请你单位于____年____月____日前，将该事故隐患治理完毕，并将该事故隐患治理结果逐级上报。

督办单位（章）

年　月　日

注：本通知书一式二份，督办单位、治理责任单位各执一份。

黄河水利委员会安全生产内业资料管理办法

（安监〔2014〕5 号　自 2014 年 11 月 6 日起施行）

第一条　为规范安全生产内业资料管理，充分发挥安全生产内业资料在安全生产工作中的作用，特制定本办法。

第二条　本办法适用于委属各单位。

第三条　安全生产内业资料是指各单位在安全生产管理过程中形成的具有一定保存价值的文字、图表、声像、电子载体等不同形式和载体的原始记录。

第四条　安全生产内业资料主要包括：

1、安全生产机构设置资料；

2、安全生产责任制、目标任务等资料；

3、安全生产管理制度、安全生产操作规程资料；

4、安全生产会议资料；

5、安全生产宣传教育和培训资料；

6、安全生产专项活动方案、总结等资料；

7、安全生产监督检查、隐患排查治理和台帐管理资料；

8、生产安全事故应急救援预案、演练和实施资料；

9、生产安全事故统计报告和调查处理资料；

10、其他安全生产管理资料。

第五条　各单位可以根据本单位实际情况，对安全生产内业资料进行适当自主分类。

第六条　安全生产内业资料应当由各单位安全生产职能部门指定专人收集、整理、保管。

第七条　安全生产内业资料管理人员应当及时收集安全生产管理过程中的有关资料，分类整理，编写目录，分盒存放，做到明细分类、便于查阅。

安全生产内业资料应当随时整理入盒；事故调查处理材料应当在事故处理结束后 15 日以内整理入盒。

第八条 各单位应当保证安全生产内业资料的真实性，且应当保存原件，确无原件的，予以说明。

第九条 各单位应当配备必要的安全生产内业资料存放设备设施。

第十条 查阅安全生产内业资料应当履行查阅手续，做好保密工作。

第十一条 安全生产内业资料管理人员应当在调动工作、退休或其他原因离开工作岗位之前，办理安全生产内业资料的交接手续。

第十二条 各单位安全生产内业资料管理工作应当接受上级业务管理部门的监督和指导。

第十三条 对不重视安全生产内业资料管理工作，安全生产内业资料不真实、不完整、不规范的，视情况，对相关单位予以通报批评，责令限期整改。

第十四条 本办法自印发之日起施行。

黄河水利委员会生产安全事故应急预案

（黄安监〔2015〕463 号　自 2015 年 11 月 25 日起施行）

1　总　则

1.1　编制目的

规范黄委生产安全事故的应急管理和应急响应程序，及时有效实施应急救援工作，最大程度地减少人员伤亡和财产损失，维护人民群众的生命安全和社会稳定。

1.2　编制依据

依据《中华人民共和国安全生产法》、《中华人民共和国突发事件应对法》等法律法规及规定，制定本预案。

1.3　适用范围

本预案适用于黄委等级生产安全事故的应急救援工作。

1.4　工作原则

（1）以人为本，安全第一。把保障人民群众的生命安全以及最大程度地预防、减少生产安全事故造成的人员伤亡和财产损失作为首要任务。切实加强应急救援人员的安全防护。

（2）统一领导，分级负责。在黄委统一领导和委安委会组织协调下，委属各单位和机关各部门按照各自职责和权限，负责相关生产安全事故的应急管理和应急处置工作并制定相应的应急预案。

（3）属地管理，积极配合。委属各单位应当与当地人民政府密切配合，充分发挥专业指导作用，服从事故现场所在地人民政府应急处置的统一领导和指挥，将本单位应急预案纳入当地人民政府应急救援体系之中。

（4）依靠科学，依法规范。采用先进技术和先进救援装备，充分发挥专家作用，实行科学民主决策，确保应急预案的科学性、权威性和可操作性。

（5）贯彻落实"安全第一，预防为主，综合治理"的方针，坚持事故应急与预防工作相结合。

2　组织体系及相关机构

2.1　组织体系

委安委会为黄委生产安全事故应急救援工作领导机构。委安委会办公室（委安监局，下同）是黄委生产安全事故应急管理的综合、组织、协调机构，委安委会各成员单位依据相关规定和各自职责，负责生产安全事故的应急救援工作。

委属各单位的生产安全事故应急救援机构由各单位自行确定，并报委安监局备案。

2.2　现场应急救援指挥组织机构

按照"统一领导、分工负责、属地管理"的原则，生产安全事故发生后，临时设立事故现场应急救援指挥部。负责指挥系统内所有参与应急救援的队伍和人员，配合当地人民政府开展应急救援工作，及时向当地人民政府和相关部门报告事故事态发展及救援情况。

事故现场应急救援指挥部按照事故等级和响应级别分级组建。

事故现场应急救援指挥部根据需要设立应急救援保障组，具体承担事故救援和处置的综合协调、安全保卫、事故救援、专家技术、医疗救护、后勤保障、新闻报道、事故调查、善后处理等工作。现场应急救援指挥部应及时向当地人民政府报告生产安全事故灾难的基本情况、事态发展、救援进展情况和下一步采取的措施，随时掌握事态发展情况，组织协调生产安全事故的应急救援工作。

委属各单位和机关各部门根据现场应急救援指挥部的指令开展相应的工作。

3　事故监控与信息报告

委属各单位和机关各部门应当加强对事故隐患的监控、整改，切实开展风险评估和应急资源调查，对可能引发事故的险情，或者其他灾害可能引发生产安全事故的重要信息应及时上报，并按照应急预案及时研究确定应对方案，通知有关单位迅速采取相应措施，预防事故发生。

一级生产安全事故发生后，事故现场有关人员应当立即报告本单位主要负责人，单位主要负责人接到报告后，应当立即报告当地人民政府和黄委（黄委总值班室电话0371－66023824）。也可同时报告委领导和委安监局负责人。

事故发生单位要及时、主动向现场应急救援指挥部提供与事故应急救援有关的资料。事故发生单位安全监管部门应当提供事故前监督检查的有关资料，为现场应急救援指挥部研究制订救援方案提供参考。

4　应急响应

4.1　分级响应

根据国家有关应急响应级别的规定，结合黄委实际，黄委生产安全事故应急响应分为五级。

对应国家事故等级标准，如发生国家级重大以上生产安全事故，启动黄委特级应急响应。由黄委组织实施，并成立黄委事故现场应急救援指挥部。黄委主任为指挥部总指挥。在当地人民政府应急预案正式启动前，配合当地人民政府先行处置，防止事态扩大，同时逐级上报，逐级响应。

对应黄委事故等级标准，如发生一级生产安全事故或委机关发生二级生产安全事故，启动黄委Ⅰ级应急响应。由委安委会组织实施，并成立黄委事故现场应急救援指挥部。委安委会主任为指挥部总指挥。组织委安委会有关成员单位和事故发生地委属单位，配合当地人民政府按照相应预案组织救援。事故发生单位必须先期赶赴现场，处置并配合应急救援。

对应黄委事故等级标准，如发生二级至四级生产安全事故，由委属单位或委安委会办公室制定相应应急预案并组织实施，分别启动Ⅱ级、Ⅲ级、Ⅳ级应急响应。

4.2　指挥和协调

进入Ⅰ级以上响应后，委安委会办公室根据事故情况开展应急救援协调工作，及时通知委安委会有关成员单位和其他有关单位，按照各自职责组织相关应急救援力量，配合当地人民政府组织实施应急救援。有关应急队伍在现场应急救援指挥部统一指挥下，密切配合，共同实施抢险救援和紧急处置行动。

4.3　紧急处置

现场应急救援指挥部成立前，事故发生地委属单位应立即启动并实施本单位相关预案，配合当地人民政府和先期到达的应急救援队伍迅速、有效地实施先期处置，全力控制事故灾难发展态势，防止次生、衍生和耦合事故（事件）发生，果断控制或切断事故灾害链，并及时向委安委会办公室报告救援工作进展情况。需要其他单位应急力量支援时，及时提出请求。

根据事态发展变化情况，出现急剧恶化的特殊险情时，现场应急救援指挥部在充分考虑专家和有关方面意见的基础上，依法及时采取紧急处置措施。

4.4　医疗卫生救助

事故发生地委属有关单位应当配合当地卫生部门开展紧急医疗救护和现场卫生处置工作，并向上级主管部门报告有关医疗卫生救助情况。

黄河中心医院和山东黄河医院根据委安委会的指令或委属单位的请求，及时派出医疗专家进行救援。

4.5 应急人员安全防护

现场应急救援人员应根据需要携带相应的专业防护装备，采取安全防护措施，严格执行应急救援人员进入和离开事故现场的点名登记制度。

现场应急救援指挥部根据需要具体协调、调集相应的安全防护装备。

4.6 群众安全防护

现场应急救援指挥部应配合当地人民政府安排群众的安全防护工作，协助做好应急状态下群众疏散、转移等工作。

4.7 其他救援力量的动员与参与

现场应急救援指挥部组织调动管辖范围内的应急救援力量参与应急救援工作。

超出事故发生地委属单位处置能力的，可向上级主管单位申请调配救援力量支援。委应急救援领导机构、委安委会有关成员单位组织力量进行救援。

4.8 现场检测与评估

现场应急救援指挥部根据需要成立事故现场检测、鉴定与评估小组，综合分析和评价检测数据，查找事故原因，评估事故发展趋势，预测事故后果，为制订现场抢救方案和事故调查提供参考。

4.9 信息发布

委办公室、安监局、新闻宣传出版中心会同有关单位具体负责一级及以上生产安全事故信息的发布工作。

4.10 应急结束

遇险人员得到妥善解救，事故现场得以控制，环境符合有关标准，导致次生、衍生事故隐患消除后，经现场应急救援指挥部确认和批准，现场应急处置工作结束，应急救援队伍撤离现场。

5 后期处置

5.1 善后处置

委属有关单位配合当地人民政府会同相关单位负责组织生产安全事故的善后处置工作，包括人员安置、补偿，征用物资补偿，灾后重建，污染物收集、清理与处理等事项。尽快消除事故影响，妥善安置和慰问受害及受影响人员，保证社会稳定，尽快恢复正常秩序。

5.2 事故调查报告、经验教训总结及改进建议

一级生产安全事故由委安委会直接组成调查组或者授权有关单位组成调查组调查。

生产安全事故灾难善后处置工作结束后，现场应急救援指挥部分析总结应急救援经验教训，提出改进应急救援工作的建议，完成应急救援总结报告。

6 保障措施

6.1 安全信息报告

各级安全监督机构负责本单位相关信息收集、分析和处理，定期向委安委会办公室报送有关信息，重要信息和变更信息要及时报送，委安委会办公室负责收集、分析和处理全河生产安全事故应急救援有关信息，并将相关信息处理情况或重要信息向委安委会成员单位通报。

6.2 应急支援与保障

6.2.1 救援装备保障

委属各专业应急救援队伍和企业根据实际情况和需要配备必要的应急救援装备。应急救援指挥机构应当掌握所属特种救援装备情况，各专业队伍按

规程配备救援装备。

6.2.2 应急队伍保障

山东黄河河务局、河南黄河河务局应当依法组建和完善应急救援队伍。各级安全生产应急救援机构负责检查并掌握相关应急救援力量的建设和准备情况。

6.2.3 交通运输保障

发生一级生产安全事故后，现场应急救援指挥部根据救援需要，及时调遣各单位的车辆提供交通运输保障。各有关单位对事故现场进行道路交通管制，根据需要开设应急救援通道，道路受损时应迅速组织抢修，确保救灾物资、器材和人员运送及时到位，满足应急处置工作需要。

6.2.4 医疗卫生保障

黄河中心医院和山东黄河医院等委属卫生机构要配备相应的医疗救治药品、医疗设备和医疗人员，提高医疗卫生机构应对生产安全事故的救治能力。

6.2.5 物资保障

委安委会成员单位和委属有关单位，应当建立应急救援设施、设备、救治药品和医疗器械等储备制度，储备必要的应急物资和装备。

6.2.6 资金保障

委属各单位应当做好事故应急救援必要的资金准备。生产安全事故应急救援资金应由事故责任单位承担，事故责任单位暂时无力承担的，由上一级主管单位协调解决。委安委会办公室应急处置生产安全事故的工作经费，由委财务统一解决。

6.2.7 应急避难场所保障

委属各单位应配合各级人民政府负责提供生产安全事故发生时人员避难需要的场所。

6.3 宣传、培训和演习

6.3.1 公众信息交流

委安委会办公室和委属各单位负责应急法律法规和事故预防、避险、避灾、自救、互救常识的宣传工作，委属各类媒体提供相关支持。

6.3.2 培训

各单位要广泛开展应急预案宣传教育工作，及时对相关人员进行培训，增强应急意识，提升自救能力。

6.3.3 演习

委机关和委属各单位应当不定期举行生产安全事故应急演习，可采取现场实体演习，也可采取网络模拟演习。演习结束后应及时进行总结。

6.4 监督检查

委安委会办公室对生产安全事故应急预案的实施进行全过程监督检查。

7 附 则

7.1 奖励与责任追究

对在生产安全事故应急救援工作中有突出贡献的单位和个人，应依据有关规定给予奖励。对失职、渎职的有关负责人，要依据有关规定追究责任。

7.2 预案实施时间

本预案自印发之日起施行。2012 年印发的《黄河水利委员会生产安全事故应急预案》（黄安监〔2012〕1 号）同时废止。

黄河水利基本建设项目稽察办法

(黄安监〔2015〕421 号　自 2015 年 10 月 16 日起施行)

第一章　总　则

第一条　为规范黄河水利基本建设行为，加强国家水利基本建设投资管理，提高建设资金使用效益，确保工程"质量安全、资金安全、生产安全、干部安全"，保证黄河水利基本建设项目稽察工作客观、公正、高效开展，制定本办法。

第二条　黄河水利基本建设项目稽察的目的是：实施对建设项目的全面检查，以检查、反馈、整改、提高四项功能构建完整的监管控制体系，确保黄河水利基本建设项目依法、依规进行，全面提高建设管理水平。

第三条　黄河水利基本建设项目稽察的基本任务是对黄河水利工程建设活动全过程进行监督检查。

第四条　黄河水利基本建设项目稽察工作，坚持依法办事、客观公正、实事求是的原则。

第五条　对黄河水利基本建设项目的稽察，适用本办法。受水利部委托对国家投资为主的黄河流域水利基本建设项目的稽察参照执行。

第六条　黄河流域各级水行政主管部门及委属各单位应对稽察工作给予协助和支持。项目法人及所有参建单位都应配合黄河水利基本建设稽察工作，并提供必要的工作条件。

第二章　稽察机构、人员和职责

第七条　黄委安全监督局负责黄河水利基本建设项目的稽察工作，其主要职责是：

（一）开展对黄河水利基本建设项目的稽察；

（二）对黄河水利基本建设项目违规事件进行调查；

（三）配合水利部稽察办对黄河水利基本建设项目进行稽察；

（四）受水利部稽察办委托，对水利工程建设项目进行稽察或复查；

（五）承担委交办的其他任务。

第八条 黄河水利基本建设项目稽察工作实行委安全监督局组织稽察和委托稽察制度。

安全监督局组织稽察：根据安监局职能，独立派员稽察或牵头组织计划、建管、财务、审计等有关部门组成稽察组，对黄河水利基本建设项目进行稽察。

委托稽察：委托委属单位稽察，或委安全监督局相关负责人任稽察组组长，委托具有相关资质的中介机构，组成稽察组，对黄河水利基本建设项目进行稽察。

在稽察经费有保障的情况下，可实行稽察特派员负责制，稽察特派员、稽察专家和稽察特派员助理的选派及管理、使用和待遇，参照水利部有关规定执行。

第九条 稽察组应由具有较丰富水利工程建设综合管理知识和经验的人员组成。其中包括前期工作、建设管理、计划管理、财务管理、质量安全管理等方面的专家。

稽察组成员应当具备以下条件：

（一）熟悉国家有关政策、法律、法规、规章和技术标准；

（二）具有较丰富的水利工程建设和施工管理、计划和财务管理等方面的知识和经验；

（三）坚持原则，清正廉洁，忠实履行职责，自觉维护国家利益；

（四）具有相应的综合分析和判断能力，以便迅速、真实、准确、公正地评价被稽察项目情况，并提出建议和整改意见。

第十条 稽察人员执行稽察任务时遵循回避原则，不得稽察其曾经直接管辖过的建设项目或者其近亲属担任被稽察单位高级管理人员的建设项目。

稽察人员不得在被稽察项目及其相关单位兼职。

第三章　稽察工作内容

第十一条　稽察人员依照本办法的规定，按照国家有关政策、法律、法规、规章和技术标准等，对项目基本建设活动进行稽察。

第十二条　工程稽察可分为项目稽察、专项稽察、专项调查和复查。

第十三条　对建设项目的稽察，主要包括项目的前期与设计、项目建设管理、计划下达与执行、资金使用与管理、工程质量与安全、工程建后管护、国家有关政策、法律、法规、规章和技术标准执行情况等方面的内容。

第十四条　对项目前期工作、设计工作的稽察，包括项目报建，可研报告审批，初步设计审批，前期施工准备，总概算批复，建设资金落实情况；勘测设计单位质量保证体系，设计深度和质量，设计变更，现场设计服务，供图进度与质量等情况。

第十五条　对建设项目计划下达与执行的稽察，包括计划管理和年度计划下达与执行，投资控制与概预算执行，工程投资完成情况、工程进度、形象面貌和实物工程量完成情况，汛前施工安排和安全度汛措施等方面情况。

第十六条　对项目建设管理的稽察，包括项目法人责任制、招标投标制、建设监理制和合同管理实施情况；设计、监理、施工、设备材料供应等有关单位资质和人员资格等情况。

第十七条　对资金使用的稽察，包括资金来源、到位和使用，合同执行和费用结算，各项费用支出，财务制度执行等情况。

第十八条　对工程质量与安全的稽察，包括参建各单位的质量保证体系，工程质量管理，质量检测，质量评定，原材料、中间产品、设备质量检验数据和资料情况，工程质量现状和质量事故处理情况，安全管理组织，安全管理制度和"三同时"落实，工程验收等情况。

第十九条　专项稽察，根据需要针对第十三条中某一个或几个专业进行稽察。

第二十条　专项调查，根据群众监督、举报及有关方面反映的情况，对工程建设的某个环节、某个专业进行调查。

第二十一条　复查，针对已稽察的项目，就提出的问题及整改落实情况进行复核、查实。

第四章　稽察工作程序

第二十二条　对黄河水利基本建设项目实施稽察，可随时深入项目现场，可以采取事先通知与不通知两种方式。

第二十三条　稽察人员开展稽察工作，可以采取下列方法和手段：

（一）听取建设项目法人就有关前期工作、建设管理、计划执行、资金使用、工程施工、工程质量与安全等情况的汇报，并可以提出质询；

（二）查阅建设项目有关文件、合同、记录报表、帐簿及其他资料，并可以要求有关单位和人员作出必要的说明，可以合法取得或复制有关文件、资料；

（三）查勘工程施工现场、检查工程质量，必要时，可以责令有关方面进行质量检测，也可直接委托具有相应资质的质量检测单位进行质量检测；

（四）随时进入施工、仓储、办公、检测、试验等与建设项目有关的场所或地点，向建设项目设计、施工、监理、咨询及其他相关单位和人员了解情况，听取意见，进行查验、取证、质询；

（五）对发现问题进行延伸调查、取证、核实。

第二十四条　现场稽察结束，稽察组应就稽察情况与项目法人或现场管理机构交换意见，通报稽察情况。

第五章　稽察报告及整改

第二十五条　稽察工作结束后，稽察组须对项目建设活动进行评价，对成功的经验和做法予以肯定，对发现的问题提出整改意见或处理建议，及时形成稽察报告提交委安全监督局。

稽察报告应当事实清楚、客观公正，并由稽察组组长签字。

第二十六条 稽察报告一般应当包括下列内容：

（一）项目基本情况；

（二）项目前期设计工作、计划下达与执行、建设管理、资金使用、工程质量保证体系和工程质量现状、工程安全及生产安全等单项或多项情况及分析评价；

（三）存在的主要问题及整改建议；

（四）黄委要求报告的其他内容。

专项稽察报告、专项调查报告和复查报告的内容根据具体任务和要求确定。

第二十七条 委安全监督局根据项目的重要性和稽察报告所反映问题的严重性，向委汇报后依照规定程序下发整改意见通知书，并向有关单位提出处理建议。

第二十八条 项目法人及有关单位必须按整改意见通知书要求进行整改，并在规定时间内将整改情况报委。

第二十九条 对严重违反国家基本建设有关规定的项目，根据情节轻重提出以下单项或多项处理建议：

（一）通报批评；

（二）建议有关部门将设计、监理、施工、咨询、设备材料供应等有关单位列入黑名单，进行相应处罚；

（三）建议有关部门暂停拨付项目建设资金；

（四）建议有关部门批准暂停施工；

（五）建议有关部门追究有关人员的责任。

第三十条 对项目存在问题的整改情况，委安全监督局适时跟踪落实，必要时可进行复查。

第六章　稽察人员、被稽察单位权利和义务

第三十一条　稽察人员与被稽察单位是监督与被监督的关系。稽察人员不参与、不干预被稽察项目的建设活动。

第三十二条　稽察人员依法执行公务受法律保护，任何单位和个人不得拒绝、阻碍，不得打击报复稽察人员。

第三十三条　稽察人员开展稽察工作有以下权利：

（一）向项目法人及参建单位、相关人员调查、了解情况和取证；

（二）要求被稽察项目的项目法人及参建单位提供并查阅与建设项目有关的文件、资料、合同、数据、帐簿、凭证、报表，依法复制、录音、拍照或摄像有关的证词、证据；

（三）随时进入与建设项目相关的场所或地点，进行查验、取证、质询等工作。

第三十四条　稽察人员开展稽察工作，应当履行以下义务：

（一）依法行使职责，坚持原则，秉公办事；

（二）深入项目现场，客观公正、实事求是地反映项目建设的情况和问题，认真完成稽察任务；

（三）自觉遵守廉洁自律的有关规定；

（四）保守国家秘密和被稽察单位的商业秘密。

第三十五条　稽察人员为保证水利工程质量、提高投资效益、避免重大质量事故做出重要贡献的，应给予表彰。

第三十六条　稽察人员有下列行为之一的，视情节轻重依法依纪给予党纪、政纪处分：

（一）对被稽察项目的重大问题隐匿不报，严重失职的；

（二）与被稽察项目有关的单位串通，编造虚假稽察报告的；

（三）干预被稽察项目的建设管理活动，致使被稽察项目的正常工作受到损害的；

（四）接受与被稽察项目有关单位的现金或有价证券，参加有可能影响公正履行职责的宴请、娱乐、旅游等违纪活动，或者通过稽察工作为自己、亲友及他人谋取私利的。

第三十七条 被稽察单位应自觉按照委安全监督局或稽察组的要求及时提供或报送有关文件、资料。

第三十八条 被稽察单位应积极协助稽察人员的工作，如实提供稽察工作需要的文件、资料、数据、合同、帐簿、凭证和报表，不得拒绝、隐匿和弄虚作假。

第三十九条 对稽察提出的问题，被稽察单位可以向稽察人员进行申辩；对整改或处理意见有异议的，可以向委安全监督局提出申诉。申诉期间，仍执行原整改或处理意见。

第四十条 被稽察项目的项目法人及有关单位发现稽察人员有本办法第三十六条所列行为时，有权向委纪检监察部门报告。

第四十一条 被稽察项目有关单位和人员有下列行为之一的，对单位主要负责人和直接责任人，由委安全监督局建议有关方面给予党纪政纪处分：

（一）拒绝、阻碍稽察人员依法执行稽察任务或者打击报复稽察人员的；

（二）拒不提供与项目建设有关的文件、资料、合同、协议、财务状况和建设管理情况的资料或者隐匿、伪报资料，或提供假情况、假证词的；

（三）可能影响稽察人员公正履行职责的其他行为。

第七章 附 则

第四十二条 本办法由黄河水利委员会安全监督局负责解释。

第四十三条 本办法自颁发之日起施行，原《黄河水利基本建设项目稽察办法（试行）》同时废止。

六、水利安全生产相关法律、行政法规、部门规章、规范性文件及标准清单

一、水利安全生产相关法律清单

1、《中华人民共和国安全生产法》（主席令第十三号）

2、《中华人民共和国水法》（主席令第七十四号）

3、《中华人民共和国职业病防治法》（主席令第五十二号）

4、《中华人民共和国特种设备安全法》（主席令第四号）

5、《中华人民共和国消防法》（主席令第六号）

6、《中华人民共和国道路交通安全法》（主席令第四十七号）

7、《中华人民共和国突发事件应对法》（主席令第六十九号）

8、《中华人民共和国劳动法》（主席令第二十八号）

9、《中华人民共和国劳动合同法》（主席令第七十三号）

10、《中华人民共和国刑法修正案（六)》（主席令第五十一号）

11、《中华人民共和国工会法》（主席令第六十二号）

12、《中华人民共和国水污染防治法》（主席令第八十七号）

13、《中华人民共和国防洪法》（主席令第八十八号）

14、《中华人民共和国行政许可法》（主席令第七号）

15、《中华人民共和国侵权责任法》（主席令第二十一号）

16、《中华人民共和国行政处罚法》（主席令第六十三号）

17、《中华人民共和国环境保护法》（主席令第九号）

二、水利安全生产相关行政法规清单

1、《建筑工程安全生产管理条例》（国务院令第 393 号）

2、《水库大坝安全管理条例》（国务院令第 77 号）

3、《生产安全事故报告和调查处理条例》（国务院令第 493 号）

4、《安全生产许可证条例》（国务院令第 397 号）

5、《工伤保险条例》（国务院令第 586 号）

6、《中华人民共和国内河交通安全管理条例》（国务院令第 355 号）

7、《使用有毒物品作业场所劳动保护条例》（国务院令第 352 号）

8、《国务院关于特大安全事故行政责任追究的规定》（国务院令第 302 号）

9、《危险化学品安全管理条例》（国务院令第 591 号）

10、《民用爆炸物品安全管理条例》（国务院令第 466 号）

11、《女职工劳动保护特别规定》（国务院令第 619 号）

12、《突发公共卫生事件应急条例》（国务院令第 376 号）

13、《国务院关于进一步加强企业安全生产工作的通知》（国发〔2010〕23 号）

14、《国务院关于坚持科学发展安全发展促进安全生产形势持续稳定好转的意见》（国发〔2011〕40 号）

15、《国家突发公共事件总体应急预案》（国发〔2005〕11 号）

三、水利安全生产相关部门规章清单

1、《水利工程建设安全生产管理规定》（水利部令第 26 号）

2、《安全生产事故隐患排查治理暂行规定》（国家安监总局令第 16 号）

3、《生产经营单位安全培训规定》（国家安监总局令第 3 号）

4、《特种作业人员安全技术培训考核管理规定》（国家安监总局令第 30 号）

5、《劳动防护用品监督管理规定》（国家安监总局令第 1 号）

6、《安全生产行政复议规定》（国家安监总局令第 14 号）

7、《安全生产违法行为行政处罚法》（国家安监总局令第 15 号）

8、《生产安全事故应急预案管理办法》（国家安监总局令第 15 号）

9、《生产安全事故信息报告和处置办法》（国家安监总局令第 21 号）

10、《安全生产培训管理办法》（国家安监总局令第 44 号）

11、《工作场所职业卫生监督管理规定》（国家安监总局令第 47 号）

12、《职业病危害项目申报办法》（国家安监总局令第 48 号）

13、《用人单位职业健康监护监督管理办法》（国家安监总局令第49号）

14、《建设项目安全设施"三同时"监督管理暂行办法》（国家安监总局令第36号）

15、《建设项目职业卫生"三同时"监督管理暂行办法》（国家安监总局令第51号）

16、《危险化学品登记管理办法》（国家安监总局令第53号）

17、《危险化学品安全使用许可证实施办法》（国家安监总局令第57号）

18、《特种设备作业人员监督管理办法》（质检总局令第140号）

19、《建筑施工企业安全生产许可证管理规定》（建设部令第128号）

20、《实施工程建设强制性标准监督规定》（建设部令第81号）

21、《建筑起重机械安全监督管理规定》（建设部令第166号）

22、《职业健康监护管理办法》（卫生部令第23号）

23、《职业病诊断与鉴定管理办法》（卫生部令第91号）

24、《建设项目职业病危害分类管理办法》（卫生部令第49号）

四、水利安全生产相关规范性文件清单

1、《国务院安委会关于进一步加强安全培训工作的决定》（安委〔2012〕10号）

2、《国务院安委会办公室关于印发工贸行业企业安全生产标准化建设和安全生产事故隐患排查治理体系建设实施指南的通知》（安委办〔2012〕28号）

3、《关于印发水利工程建设安全生产监督检查导则的通知》（水安监〔2011〕475号）

4、《水利部安全生产领导小组工作规则》（水安监〔2010〕1号）

5、《关于印发水利行业开展安全生产标准化建设实施方案的通知》（水

安监〔2011〕346号)

6、《水利安全生产标准化评审管理暂行办法》（水安监〔2013〕189号）

7、《关于贯彻落实＜国务院关于坚持科学发展安全发展促进安全生产形势持续稳定好转的意见＞进一步加强水利安全生产工作的实施意见》（水安监〔2012〕57号）

8、《关于贯彻落实＜中共中央国务院关于加快水利改革发展的规定＞加强水利安全生产工作的实施意见》（水安监〔2011〕175号）

9、《关于印发水利安全生产"三项行动"实施方案的通知》（水安监〔2009〕237号）

10、《水利水电工程施工企业主要负责人、项目负责人和专职安全才管理人员安全生产考核管理办法》（水安监〔2011〕374号）

11、《水利部关于进一步加强水利安全培训工作的实施意见》（水安监〔2013〕88号）

12、《小型水库安全管理办法》（水安监〔2010〕200号）

13、《水利安全生产标准化评审管理暂行办法实施细则》（水安监〔2013〕168号）

14、《水利部办公厅关于印发＜水利水电建设项目安全预评价指导意见＞和＜水利水电建设项目安全验收评价指导意见＞的通知》（水安监〔2013〕139号）

15、《关于完善水利行业生产安全事故统计快报和月报制度的通知》（水安监〔2009〕112号）

16、《关于进一步加强水利水单工程施工企业主要负责人、项目负责人和专职安全生产管理人员安全生产考核工作的通知》（水安监〔2010〕348号）

17、《关于做好水利安全生产隐患排查治理信息统计和报送工作的通知》（水安办〔2010〕73号）

18、《关于开展水利安全生产检查和安全生产领域"打非治违"等专项行动重点督查的通知》（水明发〔2013〕29号）

19、《关于开展水利安全生产领域"打非治违"专项行动的通知》（水明发〔2012〕12号）

20、《关于开展水利行业严厉打击非法违法生产经营行为专项行动的通知》（水明发〔2011〕17号）

21、《水利部关于印发＜水利工程建设领域预防施工起重机械脚手架等坍塌事故专项整治工作方案＞的通知》（水建管〔2012〕187号）

22、《关于建立水利建设工程安全生产条件市场准入制度的通知》（水建管〔2005〕80号）

23、《关于印发＜水利工程建设重大质量与安全事故应急预案＞的通知》（水建管〔2006〕202号）

24、《加强水利工程建设招标投标、建设实施和治理安全管理工作指导意见》（水建管〔2009〕618号）

25、《水库大坝安全鉴定办法》（水建管〔2003〕271号）

26、《水闸安全监督管理办法》（水建管〔2008〕214号）

27、《关于加强水库安全管理工作的通知》（水建管〔2006〕131号）

28、《水库大坝安全管理应急预案编制导则（试行)》（水建管〔2007〕164号）

29、《关于进一步加强水利安全生产监管工作的意见》（水人教〔2006〕593号）

30、《水利部关于加强水利水电安全生产监察管理工作指导意见》（水电〔2006〕210号）

31、《关于加强小水电站安全监管工作的通知》（水电〔2009〕585号）

32、《水利水电建设项目安全评价管理办法（试行)》（水规计〔2012〕112号）

33、《关于印发水利工程建设、水土保持、农村水利、水利安全生产监

督管理、防汛抗旱专业从业人员行为准则（试行）的通知》（水精〔2013〕2号）

34、《关于印发＜企业安全生产费用提取和使用管理办法＞的通知》（财企〔2012〕16号）